かんたん
IT基礎講座

ゼロからわかる SQL 超入門

株式会社フルネス
三村かよこ［著］

技術評論社

ご注意

ご購入・ご利用の前に必ずお読みください。

- 本書に記載された内容は、情報提供のみを目的としています。したがって、本書を用いた運用は、必ずお客様自身の責任と判断によって行ってください。これらの情報の運用の結果について、技術評論社および著者はいかなる責任も負いません。
- 本書記載の情報は、2017年9月現在のものを記載していますので、ご利用時には、変更されている場合もあります。ソフトウェアに関する記述は、特に断りのない限り、2017年9月現在での最新バージョンをもとにしています。ソフトウェアはバージョンアップされる場合があり、本書での説明と異なる場合がありえます。
- 本書の使用するサンプルファイルなどは下記のサイトより入手できます。
  http://gihyo.jp/book/2017/978-4-7741-9258-1/support
  詳しくは「サンプルファイル・インストーラについて」をお読みになったうえでご利用ください。
- 本書の内容およびサンプルファイルに収録されている内容は、次の環境にて動作確認を行っています。

OS	Windows 10 Home 64ビット版、 macOS Sierra (10.12.6)
PostgreSQL	PostgreSQL 9.6.5

上記以外の環境をお使いの場合、操作方法、プログラムの動作などが本書内の表記と異なる場合があります。あらかじめご了承ください。

以上の注意事項をご承諾いただいたうえで、本書をご利用ください。

はじめに

みなさんの中には、パソコンやスマートフォンを使って、インターネットを利用している人が多いのではないでしょうか。例えば、筆者はインターネットを利用して、ファッションサイトで買い物をしたり、検索サイトでわからない用語を調べたりすることがあります。今、インターネットを利用したさまざまなサービスが普及していますが、それらのサービスを提供するシステムでは、必ずと言っていいほど、「データベース」が利用されています。

「SQL」は、その「データベース」を操作するための言語です。本書は、SQLを初心者の方々に向けてやさしく解説しています。

特に本書は、「データベースって何？SQLって何？」と疑問に思っている方や、これからITについて勉強したい！」とITに興味を持ち始めている方にも学習していただきやすい内容となっています。

本書では、インストーラとサンプルデータベースを用意しています。これらを用いて実際にSQLを書いて実行しながら読み進められます。また、章末には理解度を測る練習問題もありますので、SQLへの理解はより深まるはずです。

ところで、本書を手に取った方の中には「IT関連の仕事に就きたい」という希望を持った人や、すでにIT関連の仕事に関わっている人もいるかと思います。

「IT関連の仕事」と言っても幅広く、「プログラマ」や「ネットワークエンジニア」、「ITコンサルタント」など職種もさまざまです。

筆者は毎年春になると新入社員研修を担当していますが、受講生の業種、職種はさまざまです。しかし、共通して言えるのは、IT業界に入るのであれば、業種や職種に関係なく、SQLは必須知識となるということです。

SQLは決して、「データベースエンジニア」と呼ばれる人たちだけが必要なものではありません。遠い存在でもなく、身近なものとなったデータベースだからこそ、今、SQLに触れていただき、もっともっと興味を持っていただけることを願っています。

```
SELECT * FROM books;
```

これは本書の中で実行するSQL文です。これだけでデータベースから結果を得ることができるのです。

自分の手でSQLを書き、実行して結果が得られたときの感動は大きいです。本書をお供に、まず簡単なSQL文から始めて、データベースの世界に飛び込んでみましょう。

2017年9月　三村 かよこ

目次

CHAPTER 4 テーブルからデータを取り出してみよう 61

CHAPTER 5 データの集約やグループ化を行ってみよう 95

サンプルファイル・インストーラについて

サンプルファイルについて

本書で使用するサンプルファイルは下記Webサイトよりダウンロードできます。

http://gihyo.jp/book/2017/978-4-7741-9258-1/support

sampledb.zipを解凍すると、zerosqlフォルダが作成されます。このフォルダ以下には次のファイル・フォルダが配置されます。

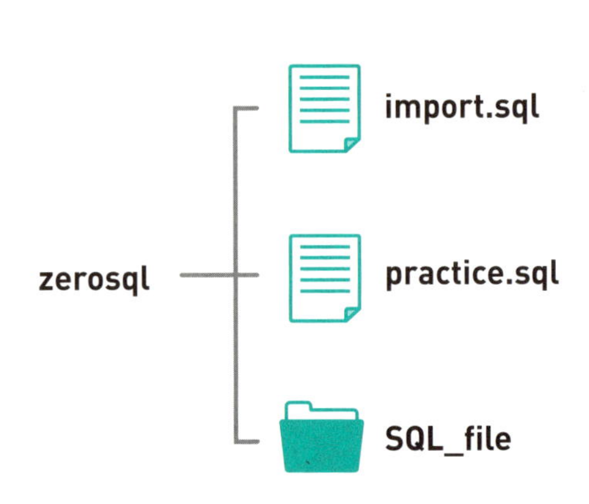

・import.sql

実行すると、本文で使用するデータベースを作成します。使用方法については、P.56を参照してください。

・practice.sql

Chapter3以降の練習問題で使用するデータベースを作成します。使用方法については、別冊解答集P.5を参照してください。

・SQL_file

本文内で実行するSQL文のファイルです。ご自身でSQLを実行する際の参考用として使用してください。

PostgreSQLのインストーラについて

本書では、上記のサポートページから本文内で使用しているPostgreSQLのインストーラをダウンロードできます。これは本書の学習用として提供するものであり､業務などでは絶対に使用しないでください。

本書サポートページで提供しているインストーラは次の通りです。

・Windows（64ビット版）

postgresql-9.6.5-1-windows-x64.exe

・Windows（32ビット版）

postgresql-9.6.5-1-windows.exe

・macOS

postgresql-9.6.5-1-osx.dmg

CHAPTER

1

SQLを学ぶ前に知っておこう

本書では、SQL（エスキューエル）を学習していきます。その前に、SQLが使われるデータベースとはどのようなものなのかなど、SQLを学習する前に必要な準備として、本Chapterでは、データベースについて学んでいきましょう。

1-1 データベースとは

データベースとはどのようなものなのでしょうか。まずは身近なものを例に、データベースについて学習していきましょう。

1-1-1 データベースをイメージする

みなさんは、「データベース」というとまず何を思い浮かべるでしょうか？なんだか難しいイメージを持つ方がいるかもしれませんが、「データ(Data)」+「ベース(Base)」、つまり「情報」の「土台」と言ったら何となく想像できるのではないでしょうか(図1-1)。

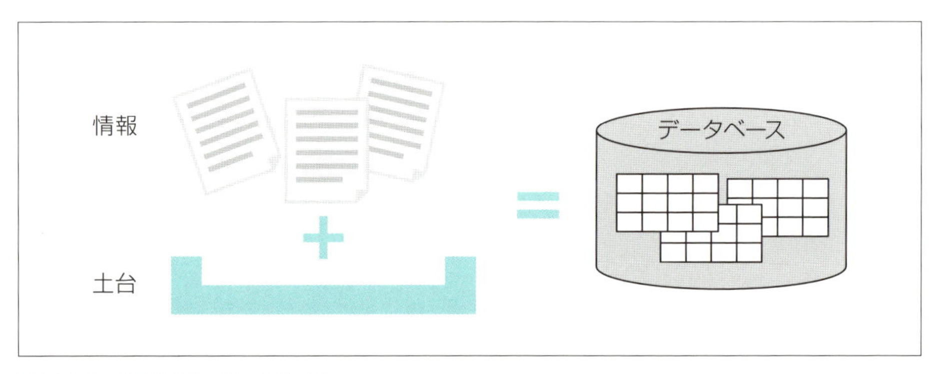

● 図1-1　情報の土台=データベース

例えば、自宅や学校、会社などで本を読んだとします。読み終わった本が増えてきたら適当に放っておいたりせず、引き出しにしまったり、本棚にきれいに並べて整理しているはずです。

本棚にきれいに並べておけば、目的の本が読みたくなったときも探しやすく、かつ取り出しやすくなります(図1-2)。これをデータベースにあてはめてみると、本が**データ**で、それらを整理して格納しておく本棚が**データベース**になります。

つまり、本の場合と同様に、データもどこかに整理して格納する必要がありますが、「情報の土台」、つまりデータ(情報)を格納するための入れ物がデータベースなのです。データベースは略してDB(ディービー)と呼ばれます。

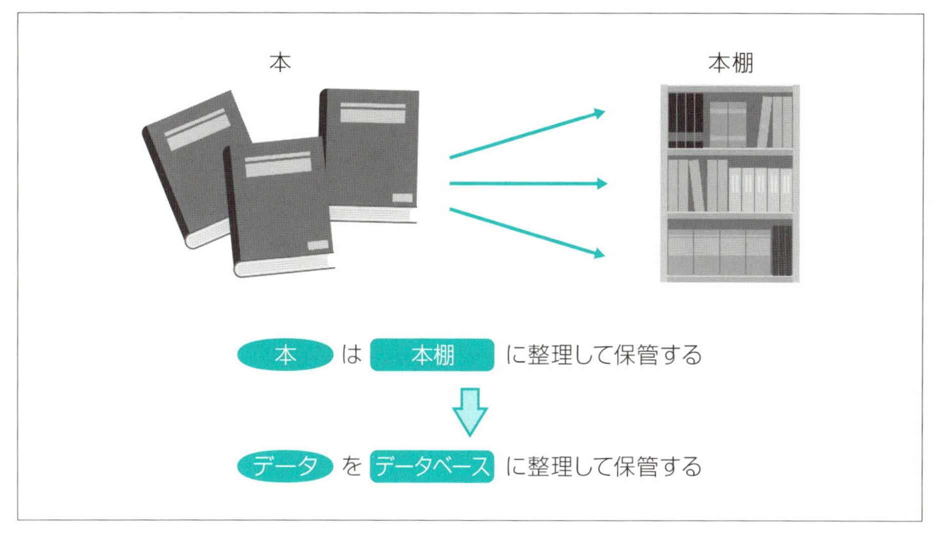

● 図1-2　本棚は本を整理して格納しておく場所

1-1-2　データベースはどこで使われている?

では、データベースは実際にどのようなところで使われているのでしょうか。

実は私たちの身の回りには、たくさんのデータベースが存在しています。とはいっても、それらは目に見えるものではないので、今までその存在を意識することもなかったはずです。急にデータベースがどこにあるのか聞かれても、見当がつかないのも当然のことでしょう。

● 身の回りにあるデータベース(その1)—— 本屋の在庫

例えば、みなさんが本屋で欲しい本を探しているとき、店員さんにお願いすると、コンピュータで検索して本の在庫や入荷日、もしくは他店の在庫状況などをその場で教えてくれたりしますよね。これは本の情報が「データベース」に格納され、利用されているのです。

● 身の回りにあるデータベース(その2)—— 手帳

突然ですが、みなさんは手帳を使ったことがありますか?

手帳はスケジュールを管理したり、メモをとるための道具ですが、たいていの手帳には連絡先を管理するための「**アドレス帳**」が付いています(**図1-3**)。このアドレス帳がデータベースの始まりと言われています。現在では、手帳よりも携帯電話のアドレス帳で連絡先の管理するほうが一般的かもしれません(**図1-4**)。

アドレス帳の中に家族や友人の連絡先を登録しておき、電話をかけたりメールを送る際にそれを参照します。このように、アドレス帳で管理する名前や住所、電話番号、メールアドレスなど、さまざまなデータはアドレス帳という「データベース」に格納されているのです。

このように、手帳の中にあるアドレス帳も本来はデータベースと呼べますが、現在一般的にデータベースというと、パソコンや携帯電話などの機器の中で利用されているものを指します。

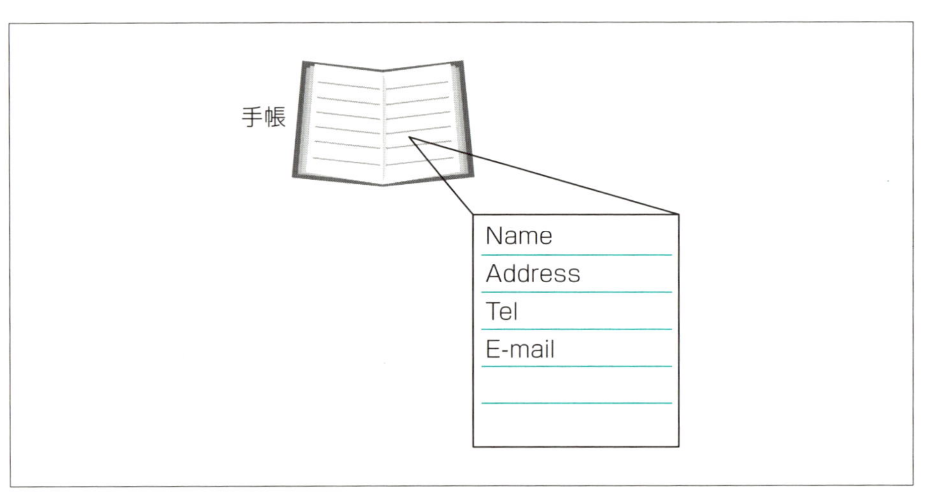

● 図1-3　手帳

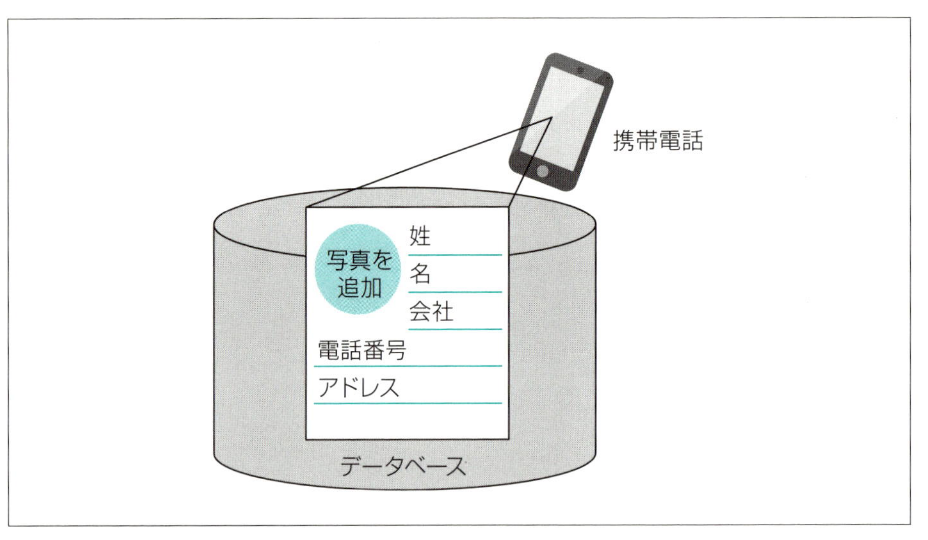

● 図1-4　携帯電話のアドレス帳

1-1-3 なぜデータベースが必要なのか

多くのデータを管理するにはデータベースが必要となりますが、その主な理由として、以下の5点が挙げられます。

①データを一元管理できる
②データの整合性を保つことができる
③複数人で同時に編集ができる
④大量のデータから目的のデータを素早く探すことができる
⑤データを安全に管理できる

では、これらについて1つずつ見ていきましょう。

①データを一元管理できる

「一元管理」とは、**1ヵ所でまとめて管理する**こと、もしくは**同じ方法を用いて統合的に管理する**ことです。

「データを管理すること」だけが目的であれば、紙のノートでも、パソコンのExcelファイルでも、管理するための道具さえあれば実現できます。では、なぜ一元管理を実現するためにデータベースが必要になるのか、本屋の例で確認していきましょう。

例えば5階建ての本屋があったとします。この本屋では、1階にメインとなるパソコン、2～5階にはサブとなるパソコンが各1台設置されており、これらのパソコンはすべてネットワークで接続されていました。

また、本の売り上げや在庫数は、「売り上げ表」「在庫管理表」などの名前を付けたExcelファイルを作って管理しています。これらのExcelファイルは1階のメインパソコン内に置かれています。

各階のサブパソコンからはネットワークを経由して、メインパソコン内のExcelファイルを参照することが可能です。ただし、サブパソコンからExcelファイルは更新できないため、売り上げや在庫数の集計・更新は、閉店後の作業でまとめて行っていました（**図1-5**）。

ある日、3階のお客さんから「〇〇」という本の在庫数を尋ねられました。3階のサブパソコンから1階のメインパソコンの「在庫管理表」を参照して在庫数を伝えましたが、その当日に売れてしまったため、実際には在庫が1冊もありませんでした。

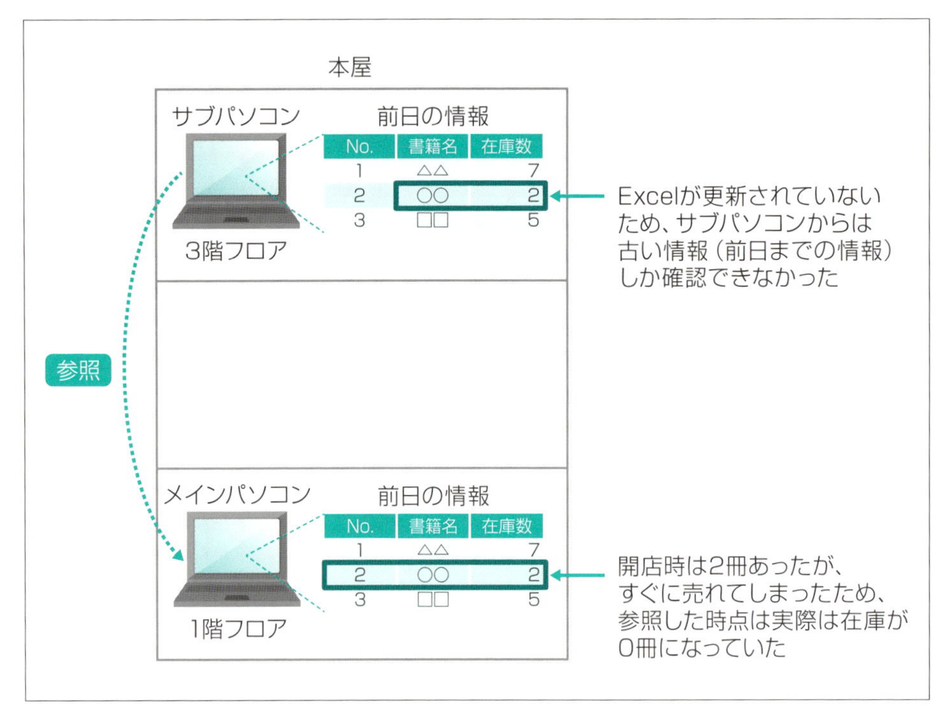

● **図1-5　本の在庫をExcelで管理した場合**

この原因の1つとして、「売り上げ表」「在庫管理表」の更新がリアルタイムで行われていないことが挙げられます。もし各階のサブパソコンからメインパソコン内のExcelファイルを更新できたら、閉店後にまとめて集計・更新作業を行わなくて済みます。それによって、情報を常に更新できるようになり、お客さんにできるだけ正しい情報を伝えられたはずです。

こんなとき、本屋さん全体のデータを管理するデータベースがあったらどうでしょうか。バラバラだった「売り上げ表」「在庫管理表」を1ヵ所にまとめることができ、どのパソコンからも、ネットワークを経由してデータベースに接続でき、同時編集も可能となるため、常に最新の情報を得ることができるのです。

さらに、本の売り上げと在庫数が連携されることにより、売り上げごとに在庫数を修正する必要もありません。このようにデータベースを利用すれば、**データの一元管理**が可能となるのです（**図1-6**）。

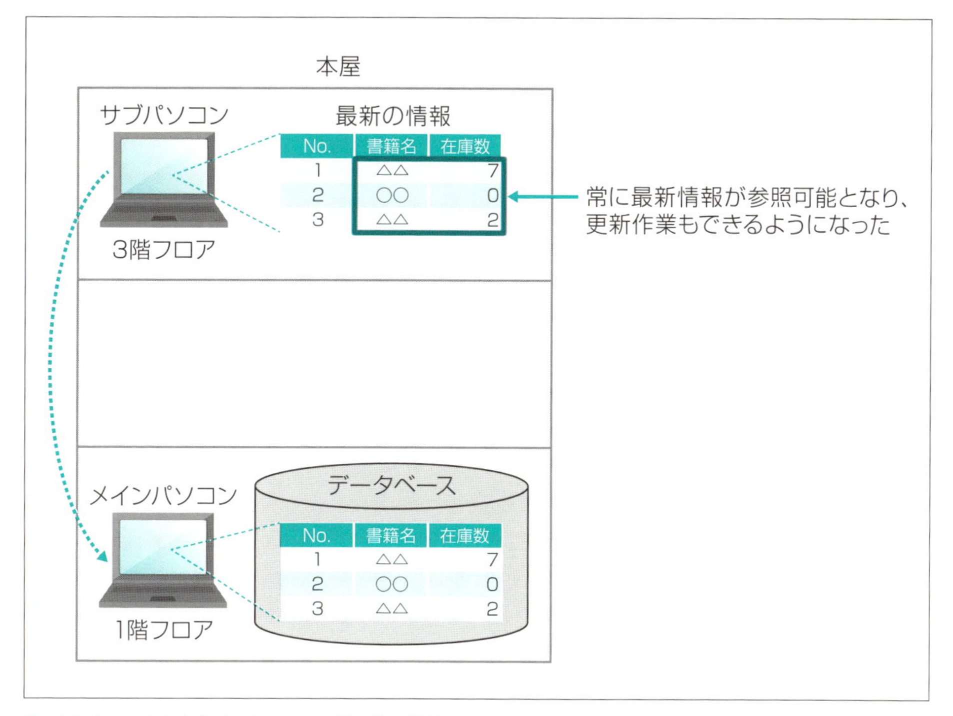

● 図1-6　本の在庫をデータベースで管理した場合

● ②データの整合性を保つことができる

「データの整合性」とは、**管理するデータに矛盾が発生していない状態であること**です。

例えば、先ほどの本屋さんでは、「売り上げ表」「在庫管理表」を別々のExcelファイルで管理していました。どちらのExcelファイルにも書籍名が入力されていますが、あるとき「売り上げ表」の中の1冊の書籍名が間違っていることがわかりました。これによって「売り上げ表」と「在庫管理表」では、同じ本にもかかわらず別の本として認識され、データに矛盾が発生していたのです（**図1-7**）。

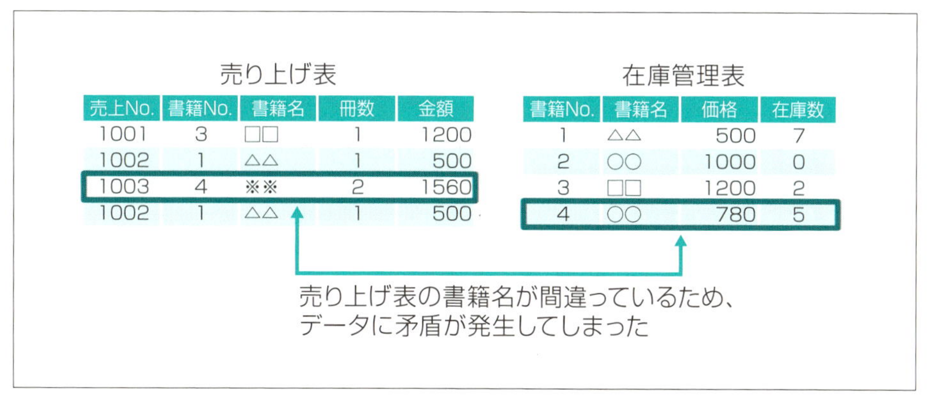

● 図1-7　売り上げ表と在庫管理表の矛盾

データベースを利用していれば、このような矛盾を防ぐことができ、**データの整合性**

を保つことが可能となります(図1-8)。

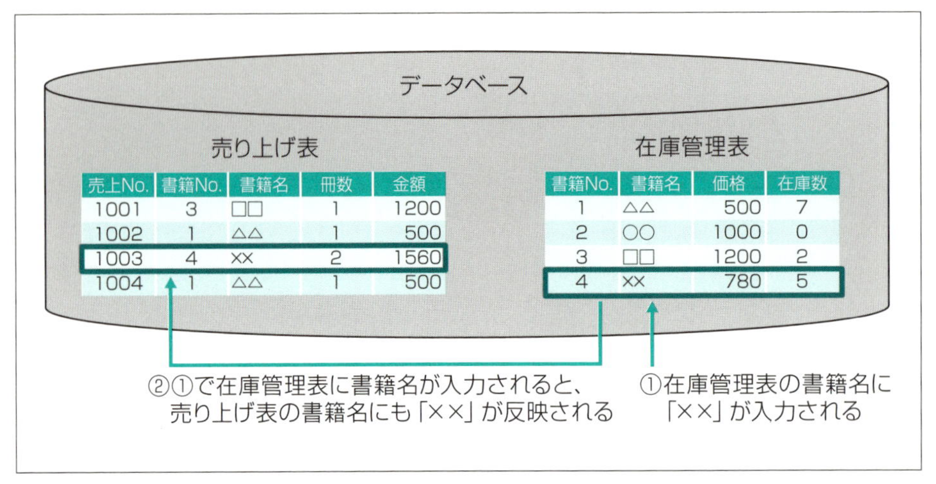

● 図1-8 データの整合性を保つイメージ

● ③複数人で同時に編集ができる

表計算ソフトウェアのExcelで、複数の人が同じファイルを同時に編集した場合はどうなるでしょうか。

例えば、本屋の店員であるAさんとBさんが同じExcelファイル「在庫管理表」を同時に開いて編集したとします(注1)(図1-9)。Aさんが在庫管理数を「2」から「4」に変更してファイルを保存しました。しかし、後からBさんが在庫管理数を「3」に変更した場合はどうなるでしょうか。Excelの場合、最後に保存したBさんの変更が**優先**され、「4」に変更したつもりのAさんの作業は破棄されてしまいます。

このような事態に備え、データベースには**排他制御**という機能があります。排他制御によって、複数のユーザが同時に同じデータへアクセスした場合、あるユーザがデータにアクセスしている間は、他のユーザがアクセスできないようにすることができます。

また、排他制御によって、②のような複数のユーザが同時にデータを読み書きしてもデータに矛盾が生じないしくみ(データの整合性)も実現しているのです。

(注1) P.15の①とは違う共有方法でExcelを使用していることを想定しています。

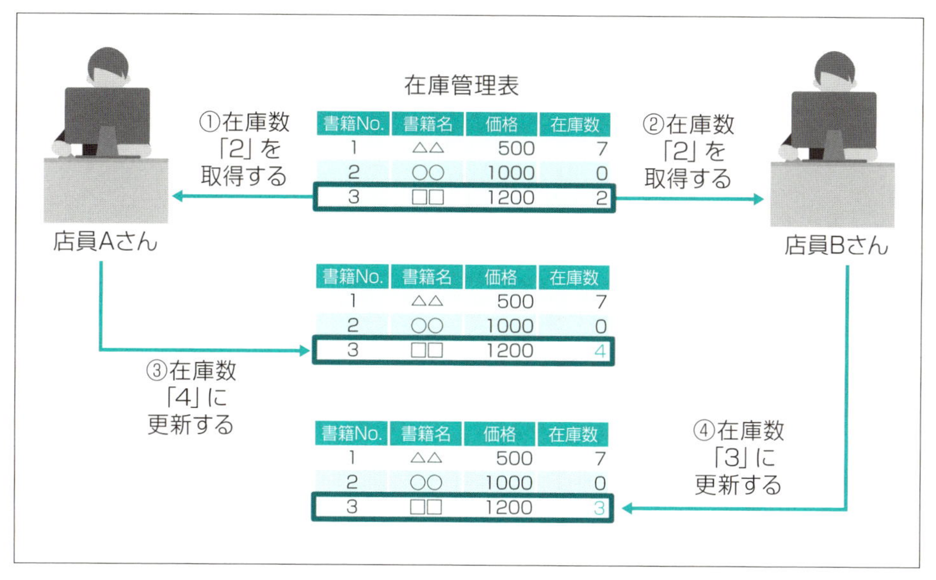

● 図1-9　在庫管理表（Excelファイル）を同時編集した場合

● ④大量のデータから目的のデータを素早く探すことができる

Excelでも検索機能を使えば、目的の情報を探し出すことができます（図1-10）。ただし、データの件数が数十件程度であればすぐに探し出せますが、データが数十万件にも膨れ上がってしまうと[注2]、Excelでは素早く目的のデータを探し出すことはできません。

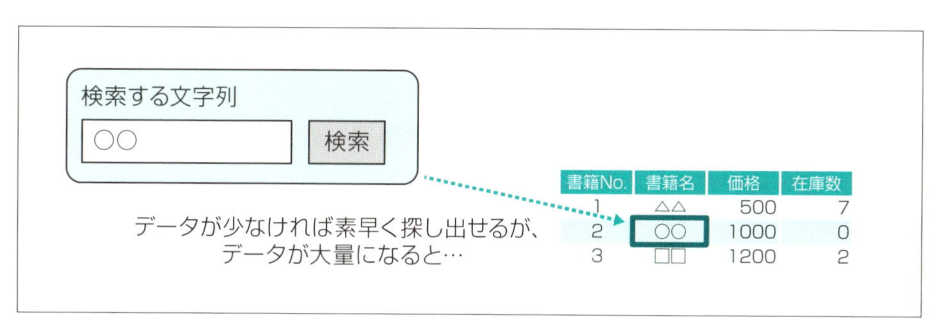

● 図1-10　Excelの検索機能でデータを探し出す

データベースでは大量のデータを扱うことをあらかじめ想定し、それに対応するための検索機能を備えています（図1-11）。

（注2）　Excel 2016での最大行数は1,048,576行です。

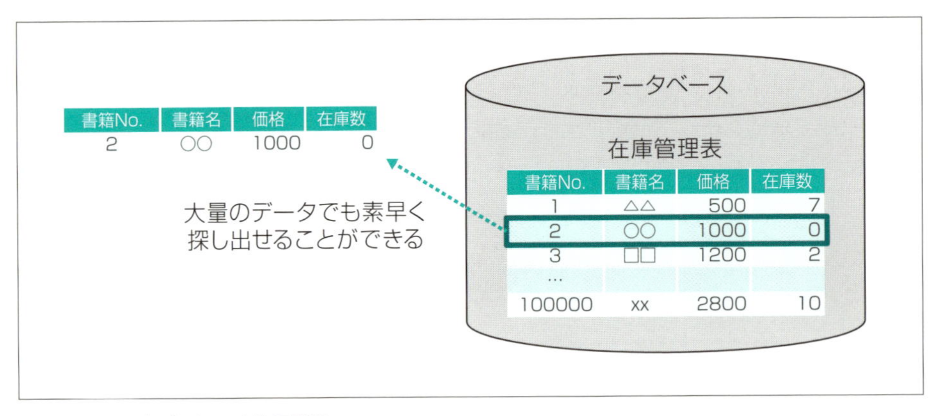

● 図1-11　データベースの検索機能

● ⑤データを安全に管理できる

「**データを安全に管理できる**」とは、万が一のときに備えて**バックアップを取る機能**や、**データを復旧させる機能**を備えていることです。

例えば、みなさんはパソコンでファイルを開こうとしたとき、ファイルが壊れて開けなくなったり、誤ってファイルを削除してしまったことはありませんか？ そのようなときに限ってバックアップを取っておらず、大事なファイルを無くしてしまったことがあるかもしれません。

大事なデータであれば、バックアップを取っておくのは当然のことですが、その都度手動で行うのも、手間がかかったり時間がかかるので大変です。

データベースには簡単にバックアップを取ったり、そのデータを復旧させる機能があるため、データを安全に管理できるのです（**図1-12**）。

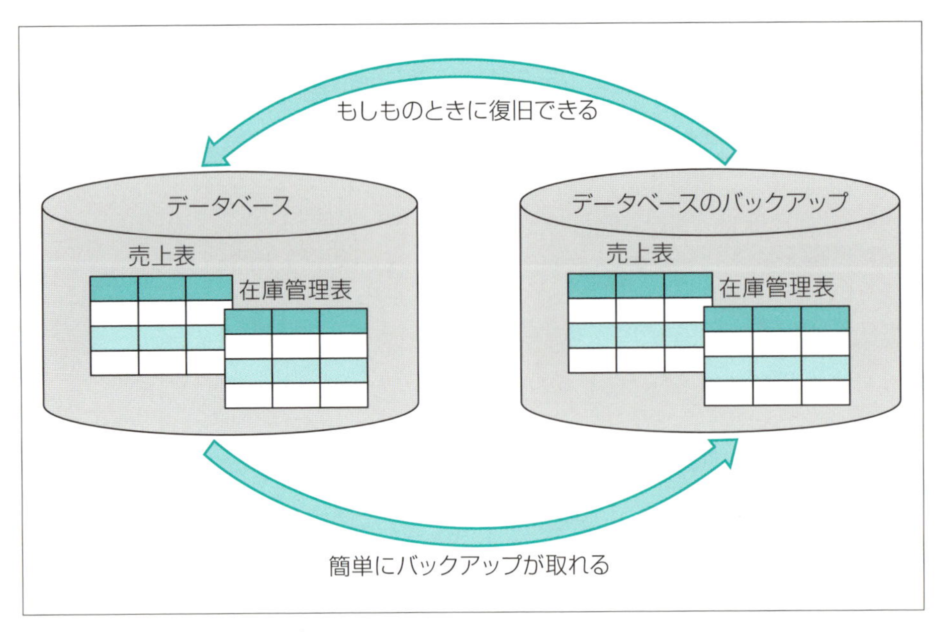

● 図1-12　データのバックアップ

1-2 安全かつ便利に使うためのしくみ —— DBMS

データベースの必要性を学習しましたが、そこで重要な役割を担うのがデータベースマネージメントシステム（以下DBMS）です。ここでは、データベースのデータを管理するDBMSについて学習します。

1-2-1 DBMSの役割

データの出し入れを行ったり、データベース自体を管理するためのしくみを**データベースマネジメントシステム（DBMS、ディービーエムエス）**と言います。

データベースには、さまざまなデータが格納されていますが、それだけではデータを利用できません。まず、データベースにデータを格納するしくみが必要です。そして、データを整理するしくみも必要です。また、データを取り出して利用するためのしくみも必要になります。

つまり、データを簡単にかつ正確に出し入れし、それを整理して格納しておかなければ、有効にデータを利用できないのです。それを可能にするのがDBMSというしくみです。

例えば、本屋さんでは、コンピュータ、語学などの分類ごとに本棚が設置され、大量の本がその分類に応じて並べられています。1冊1冊の本をデータとするならば、それらの本を適切な本棚に並べて保管し、必要なときに取り出す作業を行う本屋の店員はDBMSと言えるでしょう（図1-13）。

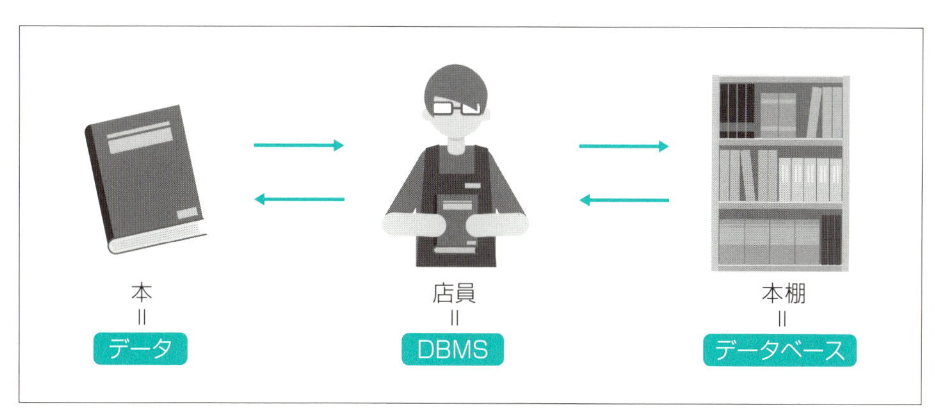

● 図1-13　データベースと本屋

1-1-3でデータベースが必要な理由について学習しましたが、実際にそれらの機能を提供しているのが、このDBMSです。ただ、一般的に、業務において「データベースマネージメントシステム」と呼ぶことはほとんどありません。略して「データベース」と呼ぶことがほとんどです。

「データベース」の本来の意味は**1-1-1**で学習したように、「データを格納するための入れ物」ですが、単に「データベース」という場合は、このDBMSを指していると思って良いでしょう。

1-2-2 データベースモデルの種類

先ほど説明したDBMSには、いくつかのデータベースモデルの種類が存在します。データベースモデルとは、**データベースに格納するデータの保存や管理方法を規定する**もので、格納するルールによって、さまざまなモデルがあります。本書では、もっとも一般的な「**リレーショナルデータベース（以下RDB）**」について説明していきますが、それ以外にどのような種類があるのか、ここで確認しておきましょう。

● ツリー型データベース

ツリー型データベースは、1つの親データから複数の子データに枝分かれしていくツリー構造で構成されるデータベースです（**図1-14**）。データは1つの親データと複数の子データを持つことできます[注3]。

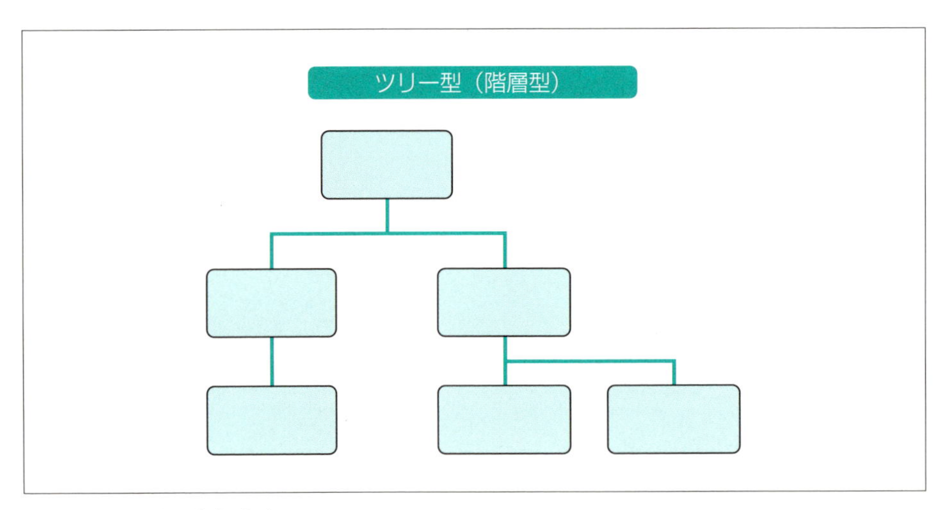

● **図1-14　ツリー型データベース**

（注3）　階層型データベースとも言われます。

● ネットワーク型データベース

ネットワーク型データベースは、データ同士が網の目のような構造を持つデータベースです（**図1-15**）。データは複数の親データと複数の子データを持つことができます。

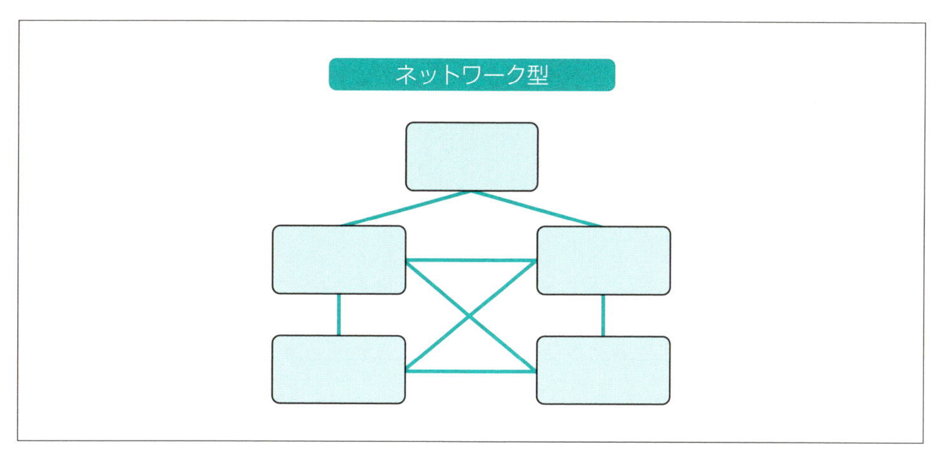

● **図1-15　ネットワーク型データベース**

● XML型データベース

XML型データベースは、XML（Extensible Markup Language）という言語で表現した文書やデータをそのまま階層構造で格納したデータベースです（**図1-16**）。XMLでは、HTMLと異なり自由にタグを設定できるため、格納するデータに応じてタグを設定し、それによって自由にデータの検索や抽出を行えます。

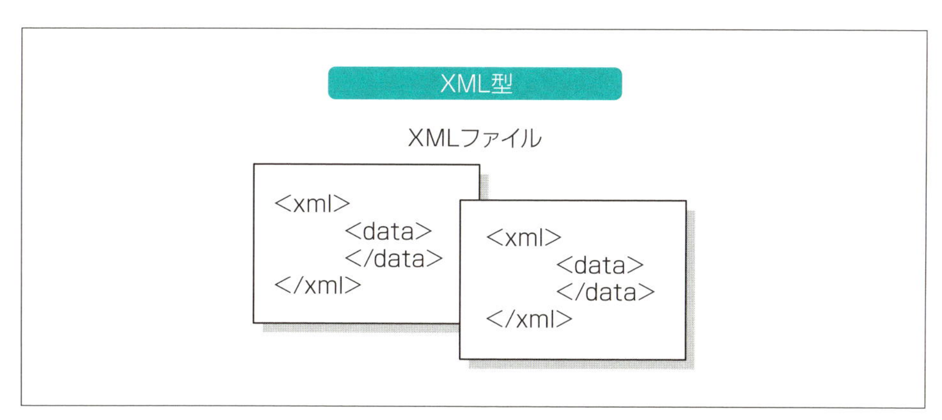

● **図1-16　XML型データベース**

● オブジェクト型データベース

オブジェクト型データベースは、オブジェクト指向プログラミングで使用するオブジェクトの概念を取り入れたデータベースです（**図1-17**）。データそのものと、そのデータの処理方法を1つの「オブジェクト（物体、対象）」としてデータベースに格納します。

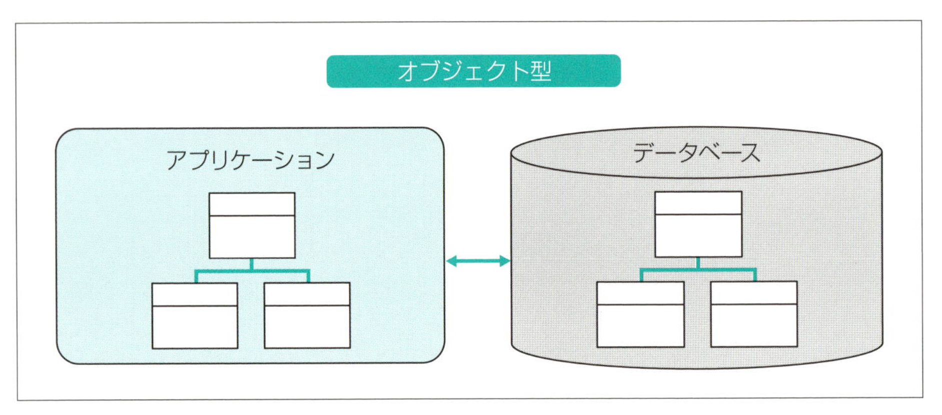

● 図1-17 オブジェクト型データベース

COLUMN

NoSQL

NoSQLは「Not Only SQL」の略で、RDBMS以外のデータベースを使用したまとめた総称です。本項でもRDBMS以外のデータベースを紹介していますが、一般的にNoSQLと呼ばれるものは、比較的最近普及したデータベースを指します。

SQLを使うRDBMSに対してSQLに縛られない自由なデータ方式がその特徴で、データベースモデルとしては、キーバリュー型データベース、カラム指向型データベース、ドキュメント指向型データベースなどの種類があります。

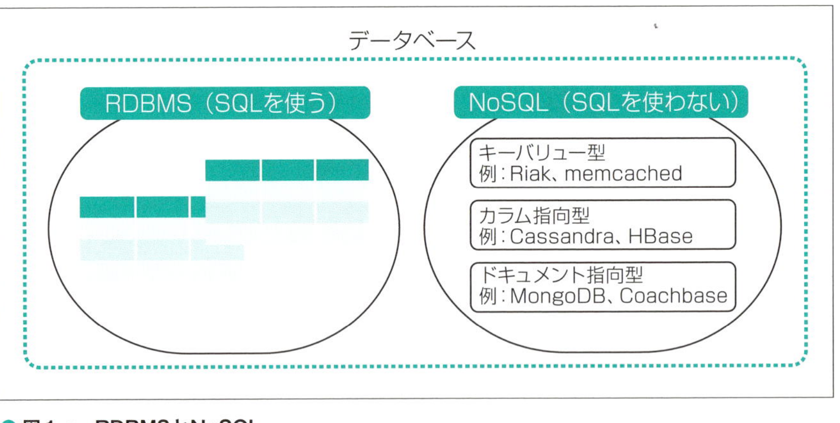

● 図1-a RDBMSとNoSQL

1-3 リレーショナルデータベース（RDB）とは

これまで、データベースとは何か、またデータベースを管理するしくみであるDBMSについて説明しました。ここでは、本書で学習するリレーショナルデータベース（RDB）の特徴について説明していきます。

1-3-1 RDBの主な特徴

まずは**リレーショナルデータベース（RDB）**とは、どのような特徴を持つデータベースモデルなのかについて理解しましょう。

RDBは「関係データベース」とも呼ばれます。RDBを運用・管理するためのしくみが**1-2**で説明したDBMSであり、RDBの場合は**RDBMS（アールディビーエムエス）**と呼ばれています。本書で学習する**SQLは、このRDBMSを操作するための言語**です。

RDBの主な特徴は以下の2点です（図1-18）。

- データを二次元（縦と横）の表形式で表す
- 複数の表がそれぞれ共通した項目の値で関連付けられている

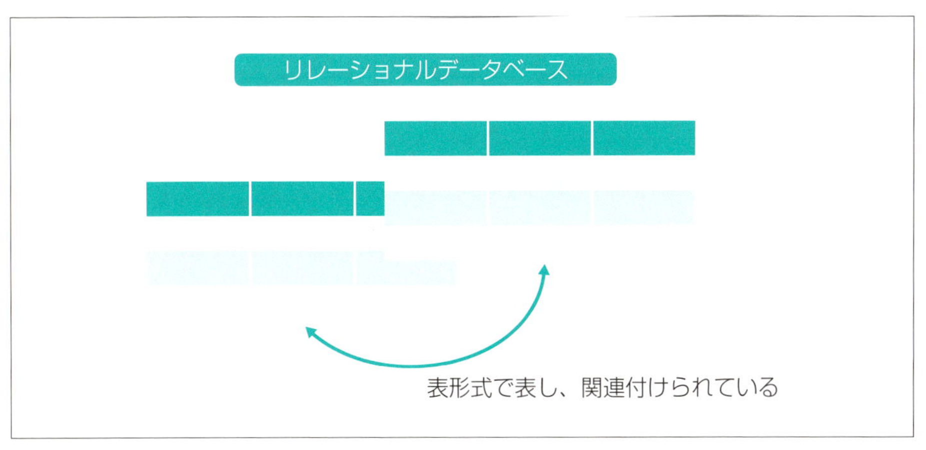

● 図1-18　RDBの特徴

単に「データベース」といった場合は、この「**RDB**」のことを指していると考えて良いでしょう。

1-3-2 リレーションとリレーションシップ

Excelなどの表計算ソフトウェアを利用して、表を作成したことのある方は多いのではないでしょうか。Excelで作成する表のように、データを関連する項目で二次元(縦と横)の表形式にまとめたものを**リレーション**と言います(**図1-19**)。データベースにおいては、「**表**」または「**テーブル**」と呼びます。

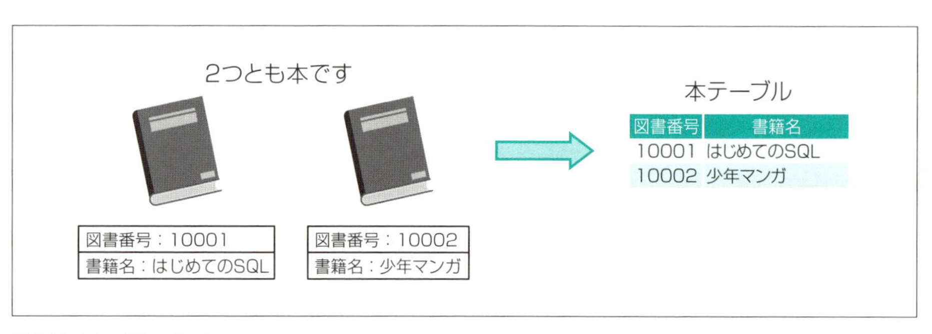

● **図1-19　リレーション**

また、このテーブルとテーブルの関連のことを、**リレーションシップ**と言います(**図1-20**)。リレーションシップを利用してそれぞれのテーブルにデータを格納することで、効率的なデータ管理が可能になります。

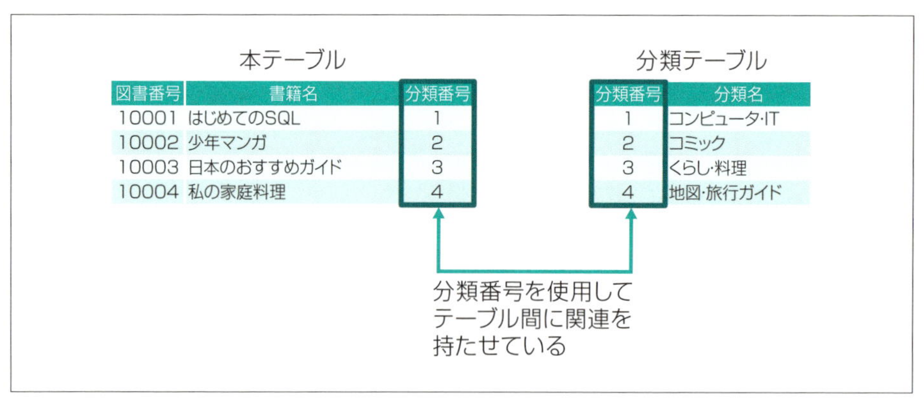

● **図1-20　リレーションシップ**

1-3-3 テーブルの構造

では、**図1-21**を見ながら、テーブルの構造を確認しましょう。

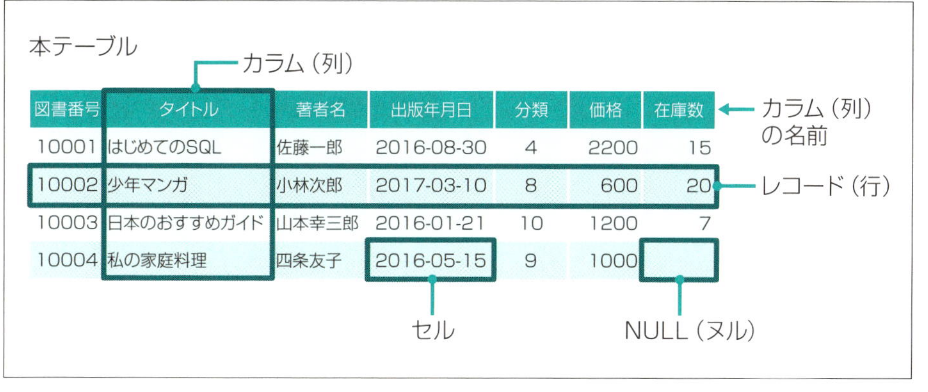

図書番号	タイトル	著者名	出版年月日	分類	価格	在庫数
10001	はじめてのSQL	佐藤一郎	2016-08-30	4	2200	15
10002	少年マンガ	小林次郎	2017-03-10	8	600	20
10003	日本のおすすめガイド	山本幸三郎	2016-01-21	10	1200	7
10004	私の家庭料理	四条友子	2016-05-15	9	1000	

●図1-21　テーブルの構造

●レコード

テーブルの横の行を「**レコード**」と呼びます。レコードは関連するデータの集まりであり、テーブルの1件分のデータを表現しています。図1-21の本テーブルでは、4件分のレコードがあります。

●カラム

テーブルの縦の列を「**カラム**」と呼びます。テーブルに存在している項目の全体を表現しています。図1-21の本テーブルは、7つのカラムで構成されています。

●セル

レコードとカラムが交わっている1つ1つのマス目を「**セル**」と呼びます。セルには1つのデータを格納します。**図1-22**のように、2つ以上のデータを格納することはできません。

本テーブル

図書番号	タイトル	著者名	出版年月日	分類	価格	在庫数
10001	はじめてのSQL	佐藤一郎	2016-08-30	4	2200	15
10002	少年マンガ	小林次郎	2017-03-10	8	600	20
10003	日本のおすすめガイド	山本幸三郎	2016-01-21	✗ 8 10	1200	7
10004	私の家庭料理	四条友子	2016-05-15	9	1000	

※1つのセルには2つ以上のデータを格納することはできない

●図1-22　1つのセルには1つのデータだけが入る

●NULL

セルに値が何も格納されていない、空の状態を**NULL（ヌル）**と言います。NULLはセルに値が何も登録されていないことを意味しており、数字の0（ゼロ）と違います。「値がない」ことと「値がゼロである」ことはまったく異なることに注意しましょう。

データベースでデータを扱ううえでNULLはよく出てきます。NULLとは、セルが**空の状態**であることをしっかり覚えておきましょう。

要点整理

✔ **データベース**

情報を格納するための入れ物のことである。

✔ **DBMS**

データの出し入れを行い、データベースを管理するシステムのことである。

✔ **RDB**

現在もっとも一般的に利用されているデータベースモデルの1つである。データを二次元（縦と横）の表形式で表す。これをリレーションと言い、表またはテーブルと呼ぶ。複数のテーブルがそれぞれ共通した項目の値で関連付けられているのが特徴であり、その関連のことをリレーションシップと呼ぶ。

✔ **テーブルの構造**

テーブルの行のことをレコード、列のことをカラムと呼ぶ。また、レコードとカラムが交わっている1つ1つのマス目のことをセルと呼ぶ。

✔ **NULL**

セルに値が何も格納されていない、空の状態のことをNULL（ヌル）と呼ぶ。

COLUMN

RDBMSとWebアプリケーションシステム

みなさんも一度はパソコンやスマートフォンの**ブラウザ**(注a)から検索サイトを利用して、さまざまなサイトを閲覧したことがあるはずです。インターネットに接続できる環境であれば、検索サイトはすぐにかつ簡単に利用できます。

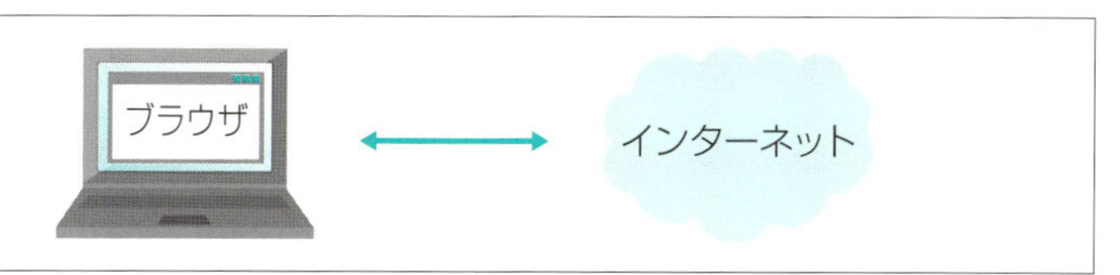

●図1-a　ブラウザからインターネットを利用する

図1-aのブラウザのように、インターネットに接続された状態で利用するソフトウェアを、**Webアプリケーション**(注b)と言います。例えば、先ほどの検索サイトや買い物ができるショッピングサイト、電車の乗り換え案内など、これらはすべてWebアプリケーションです。

このWebシステムで欠かせないのが本Chapterで説明したRDBMSです。例えば、検索サイトで「データベース」という用語を検索したとき、データベースの中にある大量のデータから、「データベース」に関連する情報を取り出してくれるのがRDBMSなのです（**図1-b**）。

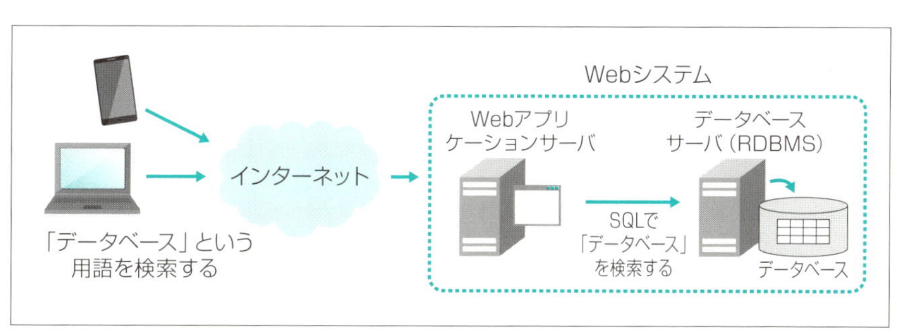

●図1-b　RDBMSを使用したWebシステムのイメージ

図1-bを見ていただくとおわかりのように、実際、私たちはブラウザを通して直接RDBMSとやりとりしているのではなく、まずは**Webアプリケーションサーバ**(注c)とやりとりをしています。Webサーバが私たちからの要求（「データベース」を検索）を受け取り、RDBMSにSQLを使用して問い合わせを行っています。

TIPS

（注a）　Webサイトを閲覧する際に必要なソフトウェアです。有名な製品としてはInternet ExplorerやGoogle Chrome、FirefoxやSafariなどがあります。

（注b）　WebアプリケーションはWebシステムと言うこともあります。

（注c）　Webサイトのページを提供したり、プログラムを実行するサーバのことです。

練習問題

問題1　DBMSの種類の中で、階層型データベースとも言われ、データは複数の子データを持つことができるが、親データは1つしか持つことができないものはどれか。1つ選択してください。

①ネットワーク型データベース
②XML型ベータベース
③ツリー型データベース
④オブジェクト型データベース

問題2　データベースの論理的構造を規定した論理データモデル（データベースモデル）のうち，関係データモデル（リレーショナルベータベース）の説明として適切なものはどれか。
（ITパスポート平成26年秋期　問74一部改）

①データとデータの処理方法を，ひとまとめにしたオブジェクトとして表現する。
②データ同士の関係を網の目のようにつながった状態で表現する。
③データ同士の関係を木構造で表現する。
④データの集まりを表形式で表現する。

問題3　DBMSにおいて，データへの同時アクセスによる矛盾の発生を防止し，データの一貫性を保つための機能はどれか。
（ITパスポート平成27年春期　問77一部改）

①正規化
②デッドロック
③排他制御
④リストア

問題4　テーブルの構造について、次の文章の［ a ］～［ d ］に当てはまるものを答えてください。

テーブルの行のことを［ a ］と呼び、列のことを［ b ］と呼ぶ。また、行と列が交わっている1つ1つのマス目のことを［ c ］と呼ぶ。
［ c ］に値が何も格納されていない、空の状態のことを［ d ］と言う。

CHAPTER

2

SQLの基本を理解しよう

Chapter 1では、SQLを学ぶ前に知っておくべきことについて学習しました。本Chapterでは、本書のテーマであるSQLという、データベースを操作するための言語の基本について学んでいきましょう。

2-1 SQLとは

本節では、SQLとはどのような言語であるのか、歴史なども交えて説明していきます。

2-1-1 なぜSQLが必要なのか

Chapter1では、データを安全かつ便利に使うためのしくみとして、DBMSがあることを学びました。また、DBMSにもいろいろな種類があり、その中で現在もっとも一般的に利用されているのがRDBMS（リレーショナルデータベースマネジメントシステム）であることも説明しました。

このRDBMSにおいて、「データベースにデータを書き込みたい」、「データベースからデータを取り出したい」などの操作を行うために使用する言語がSQL（Structured Query Language）です。つまり、SQLを使いこなすことができなければ、RDBMSを使うこともできないのです。

2-1-2 SQLはリレーショナルデータベースの共通言語

● 主なRDBMS製品

DBMSにRDBMSを採用した製品は、いろいろな会社やコミュニティからリリースされています。その中で代表的な製品を表2-1にまとめています。

● 表2-1　主なRDBMS製品

製品名	提供元	有償/無償
Oracle（オラクル）	Oracle社	有償
SQL Server（エスキューエルサーバー）	Microsoft社	有償
DB2（ディービーツー）	IBM社	有償
MySQL（マイエスキューエル）	Oracle社	無償
PostgreSQL（ポストグレスキューエル）	オープンソースコミュニティ	無償

これらはすべてRDBMSを採用した製品ですが、別々の会社から出ている別の製品です。これらはそれぞれに特徴を持った製品ですが、ここでは、いろいろなRDBMSの製品があるということを覚えておいてください。

本書では、この中で「PostgreSQL」を使用します。正式には「ポストグレスキューエル」と読みますが、一般的には「ポスグレ」と略して呼ばれています。

PostgreSQLやMySQLは無償で使用できます。無償というと心配される方がいるかもしれませんが、一般的な業務システムでも広く利用されている実績のある製品です。

●標準SQLとは

表2-1にあるように、いろいろなRDBMSデータベースの製品が出ていますが、これらには共通している点があります。それはどの製品も「**SQLを使ってデータベースにアクセスする**」ということです。製品の種類は違っても、基本的には同じSQLを使うことができます。この基本的なSQLのことを「**標準SQL**」と言います

本書はPostgreSQLを使って学習していきますが、**本書で学習するSQLのほとんどは標準SQLに含まれていますので、他のRDBMS製品でも同様に使うことができます。**

ただし、製品独自のSQLも多少存在します。例えば、私たち日本人は、共通言語である日本語を話しますが、その中には特定の地方だけで使われている「**方言**」も存在しています。それと同様に、標準SQLには含まれず、特定の製品でしか使えないSQLもあるのです(注1)。

なぜ、「方言」が存在するのかについては、**2-1-3**で説明するSQLの歴史が関係しています。

先ほどの「標準SQL」が決められた当初、それがカバーする範囲はあまり広くありませんでした。そこで各製品を開発していた会社は、便利な機能を自分の製品で使えるようにしていきました。

それらの機能の多くは時間が経つにつれ、標準SQLに取り込まれるようになりましたが、取り込まれなかった機能や調整がつかず標準化できなかった機能は、製品ごとにSQLが異なるという「方言」として残ったのです。

COLUMN

方言の例

例えばsampleテーブルのpriceカラムを削除する場合、標準SQLとOracleでは以下のようにSQL文の書き方が異なります。

●図2-a　標準SQLの場合

```
ALTER TABLE sample DROP COLUMN price;
```

●図2-b　Oracleの場合

```
ALTER TABLE sample DROP (price);
```

TIPS

（注1）　本書ではこの「方言」については扱っていません。各製品を使いこなすようになってから覚えればよいでしょう。

2-1-3　SQLの歴史

次に、簡単にSQLの歴史について触れておきましょう(**図2-1**)。

SQLは、IBM社が開発した世界初のRDBMS「System R(システムアール)」に実装されていた、データベース言語「SEQUEL(シークエル)」が元になったと言われています。

1986年にANSI(米国規格協会)によって標準化され、「SQL86」という名称で規格化されました。この「86」は改訂された年を表します。

それ以降、「SQL89」「SQL92」「SQL:1999」「SQL:2003」……と改訂が行われています。2017年9月現在の最新規格は「SQL:2011」です。

先ほど述べた「標準SQL」とは、この標準化された規格に準拠したSQLのことを指しています。

規格名称	主な内容
SQL86	ANSIによって発表された最初の規約。1987年にISOによって批准された。 ・データ操作言語 (DML) 仕様策定、埋込みSQL文
SQL89	・データ定義言語 (DDL) 仕様策定、整合性機能を追加、C言語への埋込みSQL文
SQL92	・データ型の拡張、定義域、外部結合、カーソル処理、動的SQLなど
SQL/CLI	業界標準ODBCインタフェースに相当する機能を国際標準化した規格
SQL/PSM	一般にストアドプロシージャと呼ばれる機能を国際標準化した規格
SQL:1999	RDBMSのための完全な言語になることを目指した仕様。 ・オブジェクト指向のほか、プログラミング機能を拡張
SQL:2003	・XML関連の機能、ウィンドウ関数
SQL:2008	・INSTEAD OF トリガ、TRUNCATE TABLE ステートメント
SQL:2011	・Temporalデータベース

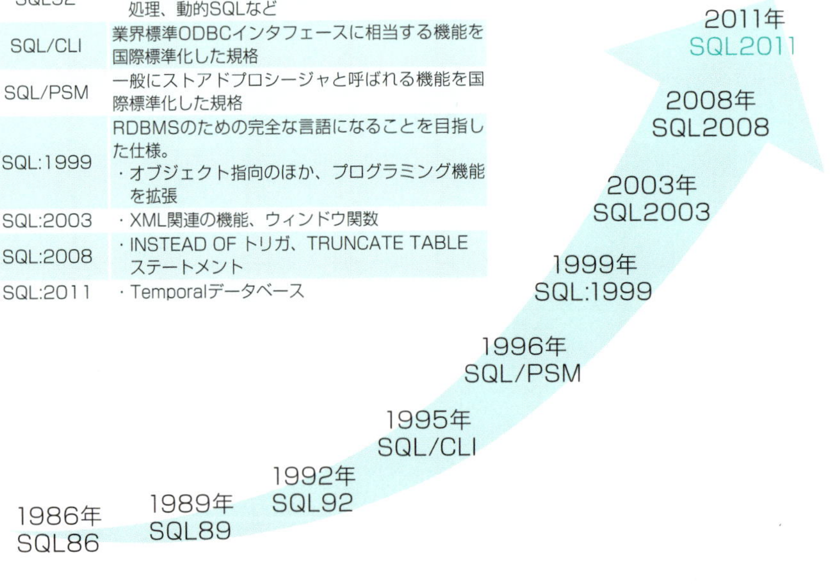

1986年 SQL86
1989年 SQL89
1992年 SQL92
1995年 SQL/CLI
1996年 SQL/PSM
1999年 SQL:1999
2003年 SQL2003
2008年 SQL2008
2011年 SQL2011

● 図2-1　SQLの歴史

2-2 SQLで行える3つの命令

本節では、SQLで行える命令の種類を3つに分けて、どのようなことがSQLで行えるのかを理解していきましょう。

SQLがデータベースへ実行できる命令は、大きく3つに分けることができます（**表2-2**）。

● **表2-2　SQLで行える3つの命令**

SQLの種類	内容
DDL（Data Definition Language）	テーブルの作成や削除、データにアクセスできるユーザーの定義を行うための言語
DML（Data Manipulation Language）	テーブルのデータを変更、削除、追加、問い合せするための言語
DCL（Data Control Language）	データベースに対するアクセス制御やトランザクションの制御を行う言語

普段SQLを使うときに、このような分類を意識する必要はありませんが、SQLを全体的に把握するためには重要な考え方ですので、ここで理解しておきましょう。

2-2-1　データを定義する － DDL

DDL（ディーディーエル）とは、**データを格納する表（テーブル）の作成や削除**を行ったり、データにアクセスできるユーザーの定義を行う命令を記述する際に使用するSQLの分類です。

例えば、SQLの学習を行うためには、まずデータベースが必要となります。さらにそのデータベースの中には、データを格納するためのテーブルが存在しています。これらのデータベースやテーブルを作成する際に使用するSQL言語がDDLに分類されます。

DDLに分類される主なSQLの命令は**表2-3**の通りです。

● **表2-3　主なデータ定義言語（DDL）**

命令	説明
CREATE（クリエイト）	新しいデータベースやテーブルなどを作成する
ALTER（オルター）	すでにあるデータベースやテーブルなどの定義を変更する
DROP（ドロップ）	すでにあるデータベースやテーブルなどを削除する
TRUNCATE（トランケイト）	テーブルのデータをすべて削除する

2-2-2 データを操作する－DML

DML（ディーエムエル）とは、テーブルに格納されているデータの**更新**、**削除**、**追加**、**問い合わせ（検索）**を行う際に使用するSQLの分類です。本書で学んでいくSQLのほとんどは、このDMLです。

例えば、**2-2-1**で説明したDDLに分類されるSQLを使ってテーブルを作成したとします。DMLはテーブルが作成されたあと、そこにデータを追加したり、取り出したり、削除したり、更新したりするときに使用するSQLの命令です。DMLは表2-2にある3種類の命令の中で、一番よく使われるSQLと言えるでしょう。

DMLに分類されるSQLの命令は**表2-4**の通りです。

●表2-4　主なデータ操作言語（DML）

命令	説明
SELECT（セレクト）	データを検索する
INSERT（インサート）	新しいレコードを挿入する
UPDATE（アップデート）	既存のデータを更新する
DELETE（デリート）	すでにあるレコードを削除する

2-2-3 データを制御する－DCL

DCL（ディーシーエル）とは、ユーザがデータベースを操作するときの**アクセス制御**を行ったり、データベースへの更新命令を確定したり、取り消したりする**トランザクション制御**(注2)を行う際に使用するSQLの分類です。主にデータベース管理者や、アプリケーション開発者の人たちがよく扱うSQLです。

DCLに含まれるSQLの命令は**表2-5**の通りです。

●表2-5　主なデータ制御言語（DCL）

命令	説明
GRANT（グラント）	データベースに対するアクセス権限を与える
REVOKE（リボーク）	データベースに対するアクセス権限を削除する
COMMIT（コミット）	更新を確定する
ROLLBACK（ロールバック）	更新を取り消す

（注2）　トランザクションとは、関連のある複数の操作を1つにまとめたものです。

2-3 SQLを書くときのルール

SQLには、記述する際に守らなければならないいくつかのルールが決められています。Chapter4から基本構文を学習していきますが、その前にまず基本的な記述ルールをしっかりおさえておきましょう。

2-3-1 SQL文の基本的な形

SQL文は、大まかに**データベースへの命令文**と言い換えることができます。命令によって構文の書き方は異なりますが、基本的には**図2-2**のような構文の組み合わせによって成り立っています。

「命令（キーワード）」 ＋ 「対象とするもの」

● **図2-2　SQL文は「命令」と「対象とするもの」で構成される**

命令（キーワード）は、SQLの仕様上、特別な意味を持った単語のことです。「予約語」とも言います。キーワードとして複数の単語が設定されていますが、SQL文でよく使う「SELECT」や「CREATE」「FROM」などはこのキーワードにあたります。

また、図2-2の「キーワード」と「対象とするもの」など、単語と単語の間には、必ず**半角スペース**もしくは**改行**を入れる必要があります。どちらも入れずに続けて記述すると、どこで単語が区切られているのかがデータベースが判断できないため、正しくSQL文が実行されずにエラーになってしまいます。

2-3-2 全角は使わない

SQL文を記述する際は、必ず**半角で記述し**、全角は使用しないでください（**図2-3**）。

例えば半角の「select」を全角の「ｓｅｌｅｃｔ」で記述してしまうと、データベースがその文字列をSQL文とは認識できず、エラーになってしまいます。

日本語環境をサポートしているデータベースでは、カラム名に全角で日本語名を付けることもできますが、通常、キーワードなどを記述するときは半角を使うようにしてください。

● 図2-3　全角は使わない

2-3-3 大文字・小文字は区別されない

SQL文を書く際は、**大文字と小文字は区別されません。**これはキーワードに限らず、テーブル名やカラム名についても同様です。

例えば以下のように大文字と小文字を変えて記述しても、データベースはこれらを同一のものとして扱います。

・SELECT
・select
・Select

大文字・小文字のどちらを使うかは、人それぞれ異なります。みなさんは自分が読み書きしやすい書き方を決めて、使い分けてください。

なお、本書でのルールは、読みやすさの観点から、以下のように取り決めています（図2-4）。

・キーワード（SELECTなど）は大文字
・テーブル名、カラム名は小文字

● 図2-4　本書における大文字・小文字のルール

2-3-4 SQL文の最後に「;」を付ける

みなさんが日本語で文章を書くとき、文章の終わりに「。(句点)」を付けているはずです。句点を付けることによって、そこで1つの文章が終わりだということを示しています。

これと同様に、SQLでは1つの文の終わりに必ず「**;(セミコロン)**」を付ける必要があります(図2-5)。セミコロンがあることによって、1つのSQLの命令文がそこで終わりということがわかるようになっています。

```
SELECT title FROM books;
```

SQL文の最後に必ず付ける

● 図2-5 SQL文の最後には「;」を付ける

要点整理

✔ **SQL**

RDBMSのデータを操作するための言語である。

✔ **標準SQL**

標準化された規格に準拠したSQLであり、特定のRDBMS製品に依存せず、データを扱うことができる。

✔ **SQLの種類**

データを定義するDDL、データを操作するDML、データを制御するDCLの大きく3つに分けられる。

✔ **DDL (Data Definition Language)**

データを格納するテーブルの作成や削除、データにアクセスできるユーザの定義を行うための言語。

✔ **DML (Data Manipulation Language)**

格納されているデータを変更、削除、追加、問い合わせ(検索)するための言語。

✔ **DCL (Data Control Language)**

データベースに対するアクセス制御やトランザクションの制御を行う言語。

練習問題

問題1 SQLを使用して問い合わせを行うデータベース製品ではないものは、次のうちどれか。1つ選択してください。

①PostgreSQL
②Linux
③Oracle
④DB2

問題2 次のSQLの中で、DMLの種類に含まれるものを2つ選択してください。

①CREATE
②INSERT
③UPDATE
④GRANT

問題3 SQLを書くときのルールについて、次の文章が正しければ○、間違っていれば×を[ ]に記述してください。

①[ ]SQL文を記述する際は、基本的に全角で記述する。
②[ ]SQL文を記述するにあたり、大文字・小文字は区別されないので、「From」と書いても問題はない。
③[ ]SQL文の最後には必ず「：(コロン)」を付ける。
④[ ]「SELECT * FROM item」というSQL文において、「SELECT」と「*」の間に改行を入れることができる。

CHAPTER

3

SQLを使うための準備をしよう

本Chapterでは、SQLを実行していくための環境を作っていきます。まずはPostgreSQLのインストールを行い、続けてデータベースとテーブルの取り込みを行っていきましょう。本書ではサンプルデータベースを使って解説を進めています。

3-1 PostgreSQLをインストールしよう

本節では、まずサンプルデータベースとPostgreSQLのインストーラをダウンロードし、そのあとにPostgreSQLをインストールしていきます。

3-1-1 学習用データのダウンロード

以下のURLにアクセスし、本書のサポートページから学習用データ（sampledb.zip）をダウンロードしてください（注1）。

http://gihyo.jp/book/2017/978-4-7741-9258-1/support

学習用データはzip形式で圧縮されていますので、それを展開します。

Windowsの場合は、ダウンロードしたファイルを右クリックし、「すべて展開(T)…」を選択します。「圧縮(ZIP形式)フォルダの展開」画面が出てきますので、「C:¥zerosql」と入力して「展開(E)」をクリックします（**図3-1**）。

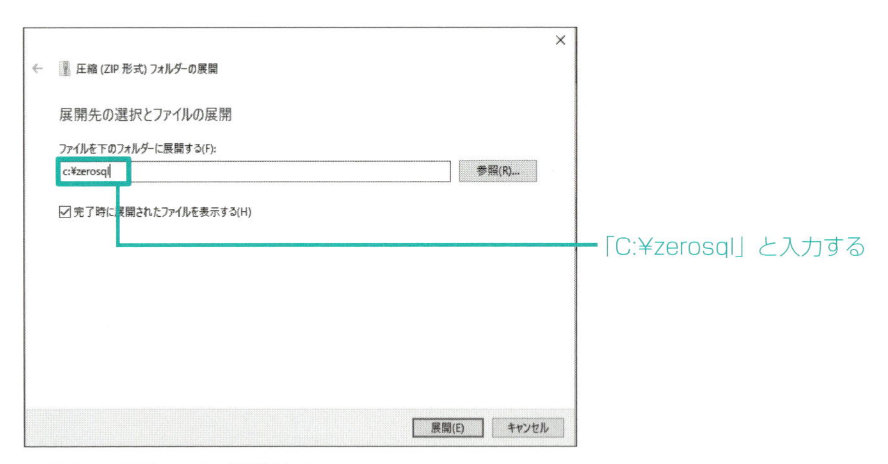

● **図3-1　圧縮ファイルを展開する**

展開が終了すると、C:¥の下にzerosqlフォルダが作成され、以下のファイルが配置されます（**図3-2**）。

macOSの場合はZIPファイルをダブルクリックすると、そのファイルがある場所に

（注1）　保存先のフォルダを指定しない場合、WindowsとmacOSでは「Downloads」フォルダに保存されます。

zerosqlフォルダが作成されます。

● **図3-2　展開後のzerosqlフォルダ**

3-1-2 PostgreSQLインストーラのダウンロード

本書は2017年9月現在の最新バージョンであるPostgreSQL 9.6で解説しています。このバージョンのインストーラを先ほどと同じく本書のサポートサイトからダウンロードしてください。

http://gihyo.jp/book/2017/978-4-7741-9258-1/support

COLUMN

PostgreSQLインストーラについて

本書では、学習用としてPostgreSQL 9.6のインストーラを用意していますが、これはあくまで学習用でバージョンは常に更新されていきます。よって、**業務などでは指定されたバージョンを使用してください。**

最新のPostgreSQLインストーラは、以下のURLからダウンロードすることができます（図3-a）。「Select your version」でバージョンを選択し、「Select your operating system」でパソコンのOSを選択してください。

https://www.enterprisedb.com/downloads/postgres-postgresql-downloads

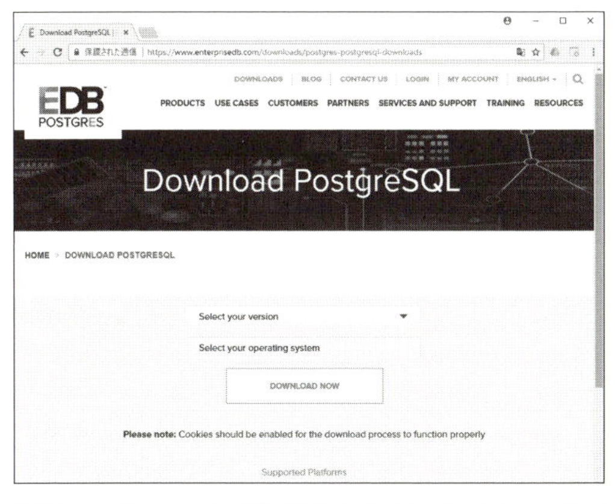

●**図3-a　EnterpriseDB社Webサイトからインストーラをダウンロードする**

3-1-3　PostgreSQLのインストール（Windows）

先ほどダウンロードしたインストーラを使って、WindowsにPostgreSQLのインストールを行っていきます。

①インストーラの実行

本書サポートサイトからダウンロードした「postgresql-9.6.5-1-windows-x64.exe（64ビット版）」をダブルクリックしてインストーラを起動します。図3-3の画面で、「はい」をクリックします（注2）。

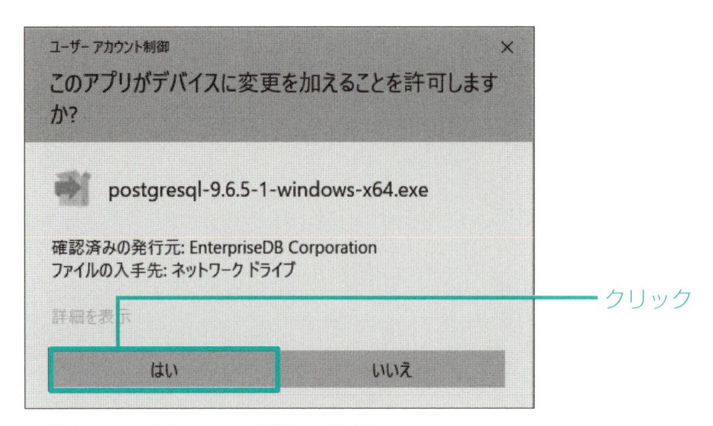

● 図3-3　デバイスへの変更許可の確認画面

②セットアップウィザード画面の起動

セットアップウィザード画面が表示されたら「Next>」をクリックします（図3-4）。

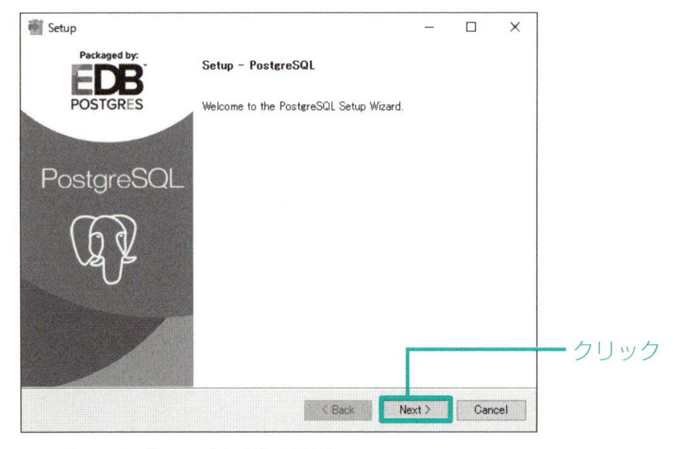

● 図3-4　セットアップウィザード画面

（注2）　そのあとにMicrosoft Visual C++のインストールが実行されることもあります。

③インストールフォルダの指定

次にPostgreSQLのインストールフォルダを指定します(**図3-5**)。デフォルトでは「C:¥Program Files¥PostgreSQL¥9.6」となっていますので、そのまま「Next>」をクリックします。

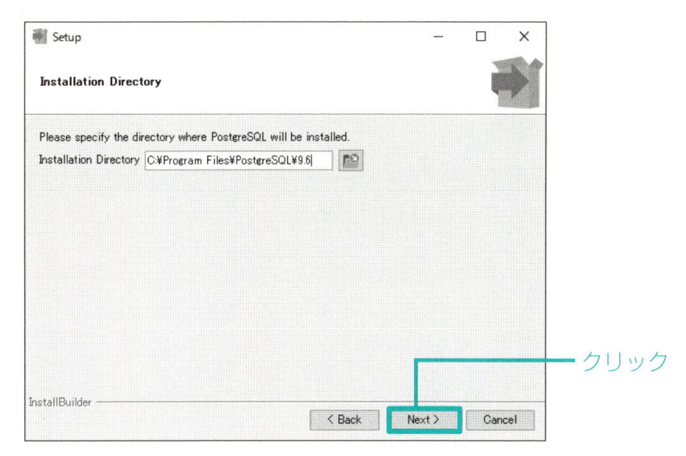

図3-5　インストールフォルダを指定する

④保存フォルダの指定

PostgreSQLのデータを保存するフォルダを指定します(**図3-6**)。デフォルトでは「C:¥Program Files¥PostgreSQL¥9.6¥data」になっていますので、そのまま「Next>」をクリックします。

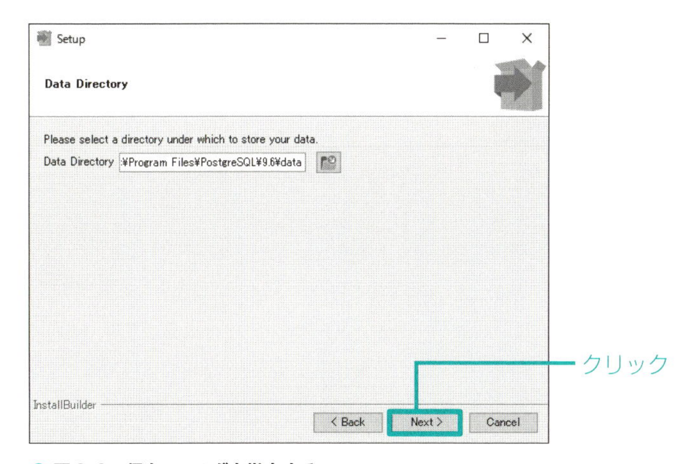

図3-6　保存フォルダを指定する

● ⑤管理者パスワードの設定

データベースの管理者ユーザである「postgres」のパスワードを設定します（**図3-7**）。「Password」、「Retype Password」の2ヵ所に同じパスワードを入力して「Next>」をクリックします。**ここで入力するパスワードは、PostgreSQLにログインする際に必要となりますので、絶対に忘れないようにしてください。**

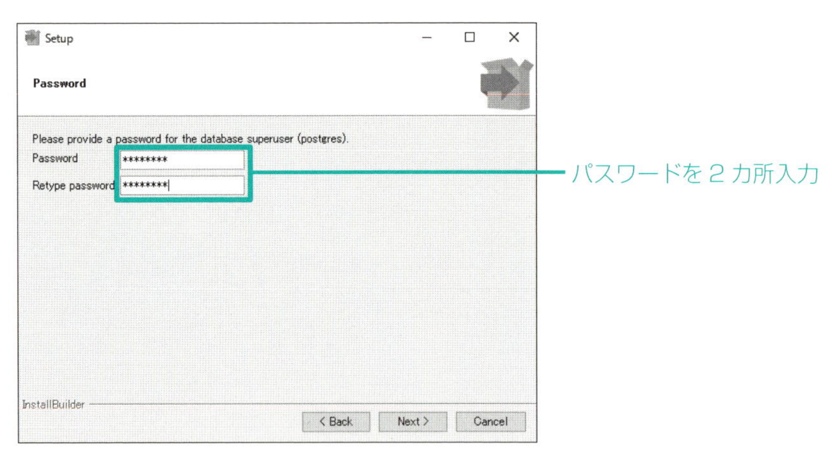

● **図3-7　管理者パスワードを設定する**

● ⑥ポート番号の設定

PostgreSQLサーバが接続を受け付けるポート番号を指定します（**図3-8**）。デフォルトでは「5432」になっていますので、そのまま「Next>」をクリックします。

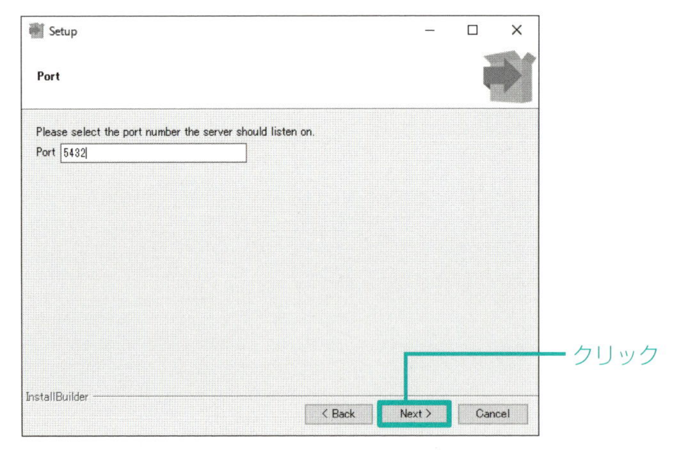

● **図3-8　ポート番号を設定する**

⑦ロケールの設定

ロケール(Locale、地域)を選択します。Localeから「Japanese,Japan」を選択し、「Next>」をクリックします(図3-9)。

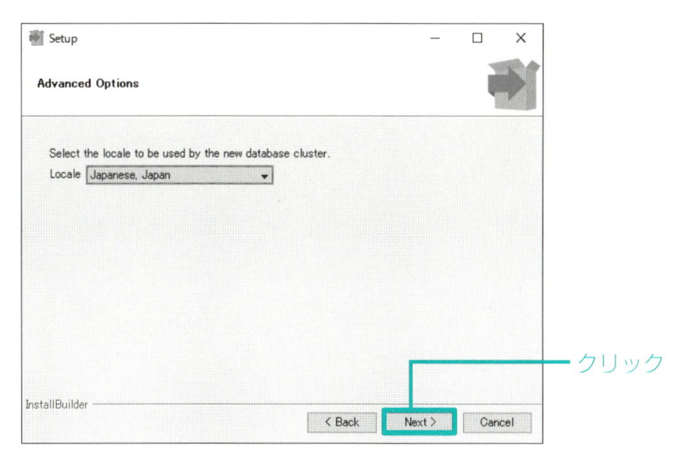

図3-9 ロケールを指定する

⑧インストールの開始

ここまででPostgreSQLをインストールする準備が整いました(図3-10)。「Next>」をクリックするとインストールを開始します。

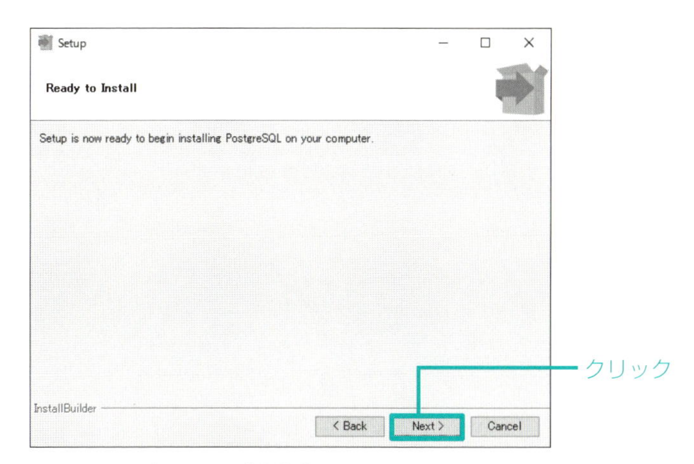

図3-10 インストールを開始する

● ⑨インストールの完了

図3-11の画面が表示されれば、PostgreSQLのインストールは完了です。「Launch Stack Builder at exit?」のチェックを外し、「Finish」をクリックします(注3)。

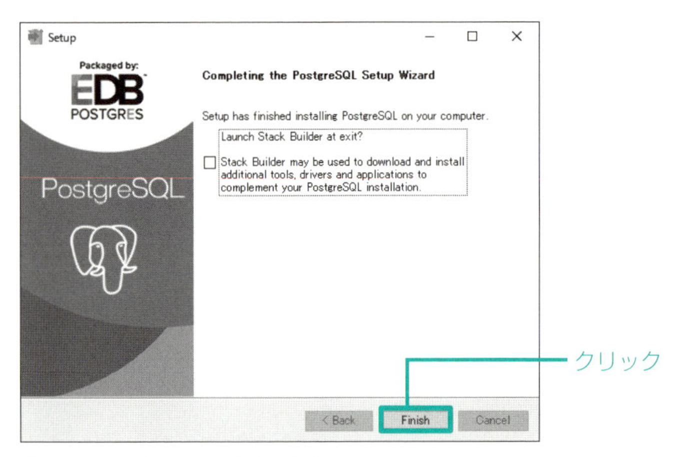

● **図3-11　インストールを完了する**

3-1-4　PostgreSQLのインストール（macOS）

続いてmacOSにPostgreSQLをインストールする手順を説明します。

● ①インストーラの実行

本書サポートサイトからダウンロードした「postgresql-9.6.5-1-osx.dmg」をダブルクリックすると、**図3-12**のウィンドウが開きます。さらに「postgresql-9.6.5-1-osx.app」をダブルクリックしてインストーラを起動します。**図3-13**の画面が表示されたら、「開く」をクリックします。

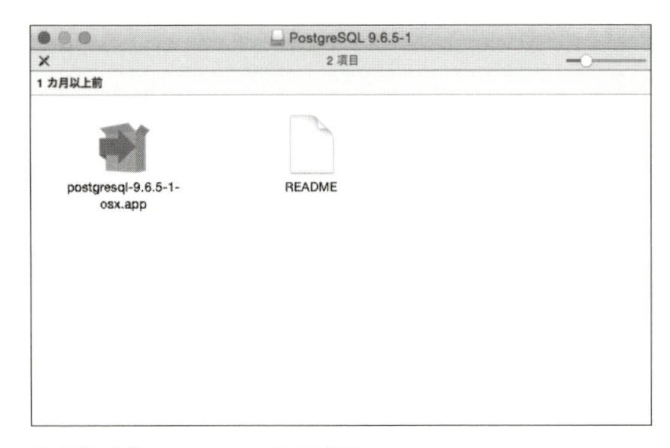

● **図3-12　dmgファイルの実行**

（注3）　そのあとにスタックビルダのインストール画面が表示されることがありますが、本書では使用しません。「キャンセル(C)」をクリックしてください。

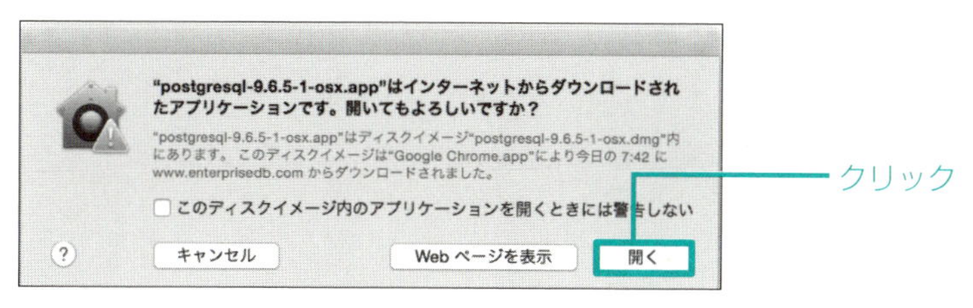

● 図3-13　ファイルの確認画面

● ②セットアップウィザード画面の起動

セットアップウィザード画面が表示されたら「Next>」をクリックします（図3-14）。

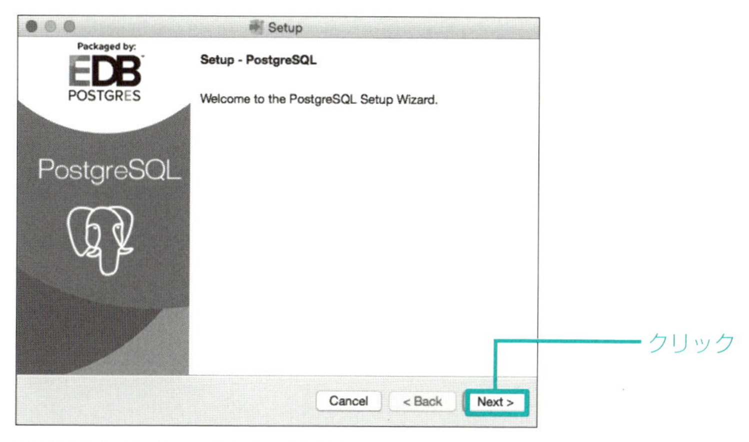

● 図3-14　セットアップウィザード画面

● ③インストールフォルダの指定

次にPostgreSQLのインストールフォルダを指定します（図3-15）。デフォルトでは「/Library/PostgreSQL/9.6」となっていますので、そのまま「Next>」をクリックします。

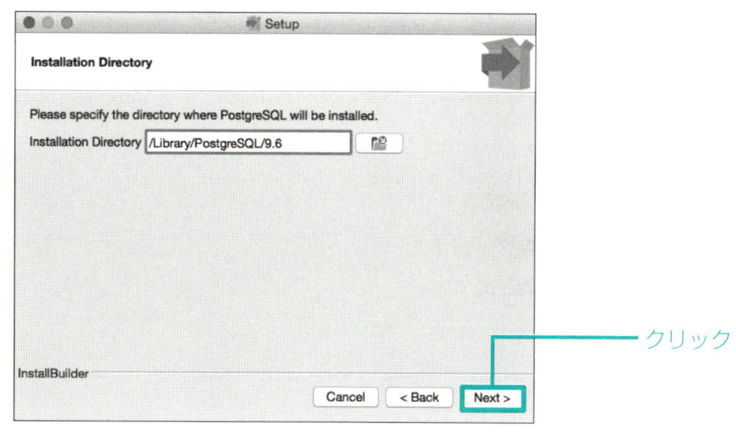

● 図3-15　インストールフォルダを指定する

●④保存フォルダの指定

PostgreSQLのデータを保存するフォルダを指定します（**図3-16**）。デフォルトでは「/Library/PostgreSQL/9.6/data」になっていますので、そのまま「Next>」をクリックします。

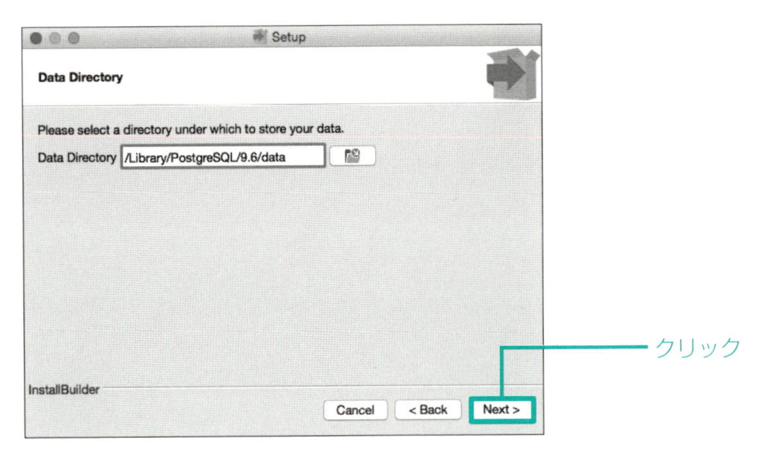

● **図3-16　保存フォルダを指定する**

●⑤管理者パスワードの設定

データベースの管理者ユーザである「postgres」のパスワードを設定します（**図3-17**）。「Password」、「Retype password」の2ヵ所に同じパスワードを入力して「Next>」をクリックします。ここで入力するパスワードは、PostgreSQLにログインする際に必要となりますので、絶対に忘れないようにしてください。

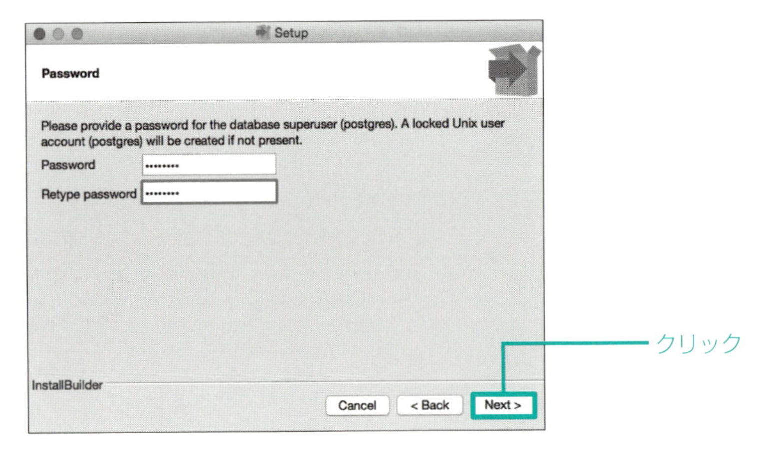

● **図3-17　管理者パスワードを設定する**

⑥ポート番号の設定

PostgreSQLサーバが接続を受け付けるポート番号を指定します(**図3-18**)。デフォルトでは「5432」になっていますので、そのまま「Next>」をクリックします。

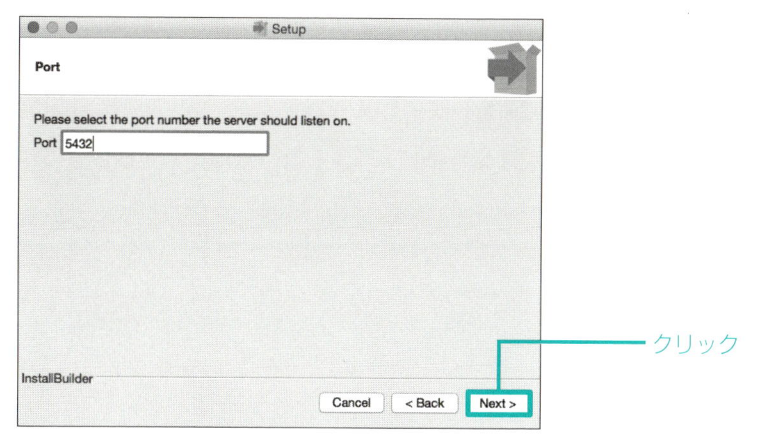

● **図3-18　ポート番号を設定する**

⑦ロケールの設定

ロケール(Locale、地域)を選択します。Localeから「ja_JP.UTF-8」を選択し、「Next>」をクリックします(**図3-19**)。

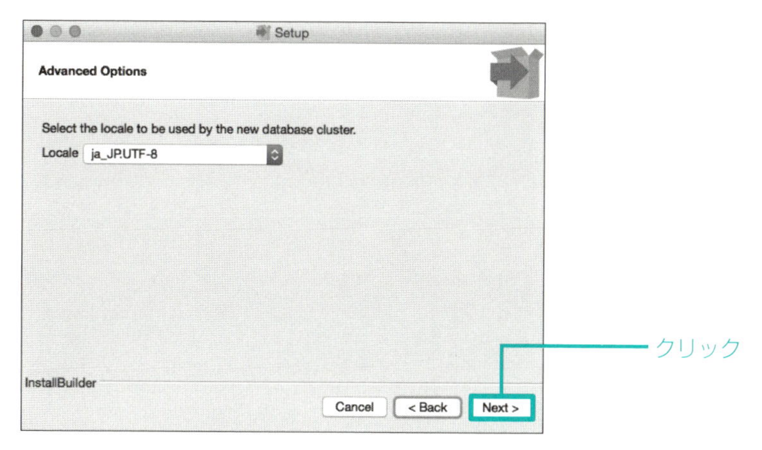

● **図3-19　ロケールを設定する**

⑧インストールの開始・完了

ここまででPostgreSQLをインストールする準備が整いました。Windowsと同様に、「Ready to Install」画面(図3-10参照)で「Next>」をクリックするとインストールが開始し、「Completing the PostgreSQL Setup Wizard」画面(図3-11参照)が表示されればインストールは完了です。

3-2 学習用データベースを準備しよう

3-1でPostgreSQLのインストールを行いましたが、これだけではSQLを実行するための準備は整っていません。操作するデータベースを用意する必要があります。

本節では、本書の学習に必要な本屋データベースを準備しましょう。なお、以降はWindowsにおける手順で説明します。

3-2-1 データベースの概要

本書のChapter4からSQLを実際に学習していきます。本屋(bookstore)データベースを作成し、さらに本(books)、分類(category)といった、実際にデータを格納するためのテーブルを作成していきます。

本屋データベースにある本(books)テーブルと分類(category)テーブルの内容は図3-20の通りです。

本屋データベース

本 (books) テーブル

図書番号	書籍名	著者名	出版年月日	分類	価格	在庫数
10001	はじめてのSQL	佐藤一郎	2016-08-30	4	2200	15
10002	少年マンガ	小林次郎	2017-03-10	8	600	20
10003	日本のおすすめガイド	山本幸三郎	2016-01-21	10	1200	7
10004	私の家庭料理	四条友子	2016-05-15	9	1000	
10005	パソコンを作ってみよう	五木花子	2016-11-23	4	1600	5
10006	よくわかる経済学	六角太郎	2017-01-20	3	1600	10
10007	うさこの日記	藤田七海	2017-02-25	7	700	18
10008	やさしいネットワーク	田中八郎	2016-10-22	4	2100	12
10009	料理をたのしもう	九藤幸子	2016-01-15	9	1300	3
10010	彼とわたし	十文字愛	2017-02-16	2	1000	8

分類 (category) テーブル

分類番号	分類名
1	文学・評論
2	新書・文庫
3	ビジネス・経済
4	コンピュータ・IT
5	就職・資格
6	教育・受験
7	児童・絵本
8	コミック
9	くらし・料理
10	地図・旅行ガイド

サンプル (sample) テーブル

商品番号	商品名	価格
1001	ミカン	50
1002	リンゴ	90
1003	バナナ	50

● 図3-20　本屋データベースの概要

3-2-2 psqlによるデータベースへのログイン

PostgreSQLは、インストール時に自動で「postgres」という名前のデータベースが作成されます。インストール直後はこのpostgresデータベースにログインし、必要なデータベース（本書ではbookstore）を作成します。

PostgresSQLをインストールした際、コマンドラインでデータベース操作ができる「**psql（ピーエスキューエル）**」というツールも一緒にインストールされます。本書では、このpsqlを使ってSQL文を実行していきます（注4）。psqlはデータベースに接続するための入口だと思ってください。

次にpsqlを起動し、postgresデータベースにログインしてから終了するところまで、一通りの流れを行ってみましょう（**図3-21**）。

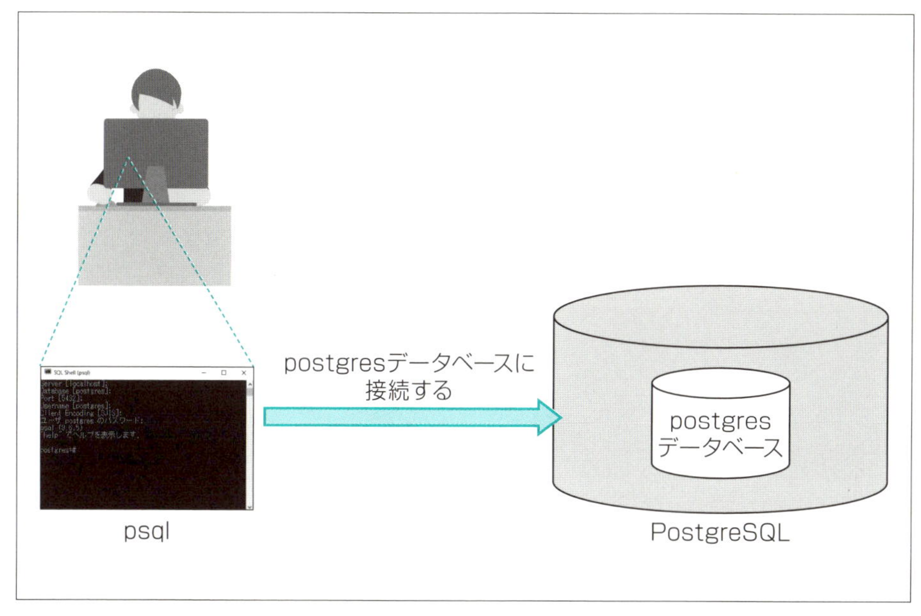

● **図3-21　psqlからデータベースへの接続イメージ**

● ①psqlの起動

まずpsqlを起動します（注5）。デスクトップのWindowsボタンをクリックし、アプリケーションの一覧から「PostgreSQL 9.6」の下にある「SQL Shell(psql)」をクリックします（**図3-22**）。

（注4）　データベース操作に利用するツールとして、psql以外にpgAdmin4などがあります。

（注5）　macOSの場合はLaunchpadをクリックし、アプリケーションの一覧から「SQL Shell(psql)」をクリックします。

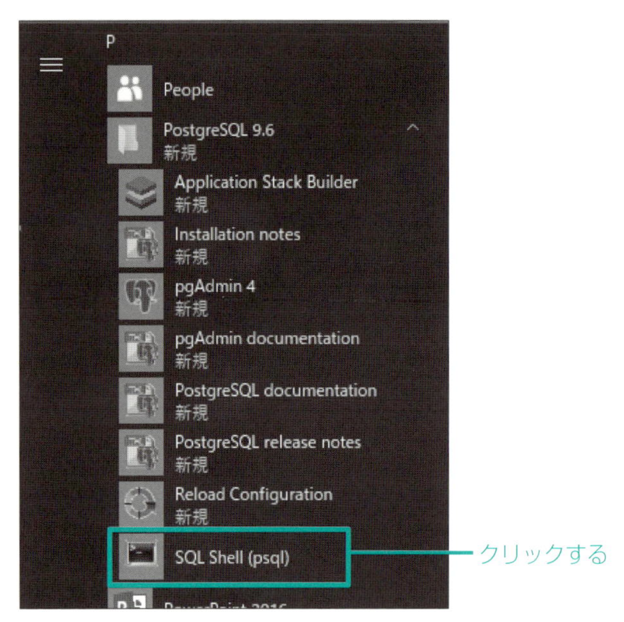

● **図3-22　psqlを起動する**

● ②データベースへのログイン

psqlが起動すると、図3-23のようなウィンドウが表示されます。

● **図3-23　psql起動時のウィンドウの様子**

接続する際のサーバ(Server)、データベース名(Database)、ポート番号(Port)、ユーザ名(Username)、クライアントでのエンコード(Client Encoding)を指定します。ここでは初期設定のまま使用しますので、そのまま Enter を押してください(図3-24①)(注6)。

最後に「ユーザ postgres のパスワード」と表示されますが、ここでは3-1-3「⑤管理

(注6)　macOSの場合は、クライアントでのエンコード(Client Encoding)の指定はありません。

者パスワードの設定」で指定したパスワードを入力して Enter を押してください(注7)(図3-24②)。

もし、途中で入力し間違えた場合は、psqlウィンドウ右上の[×]をクリックし、psqlを一度終了させてから、①の手順から再度やり直してください。

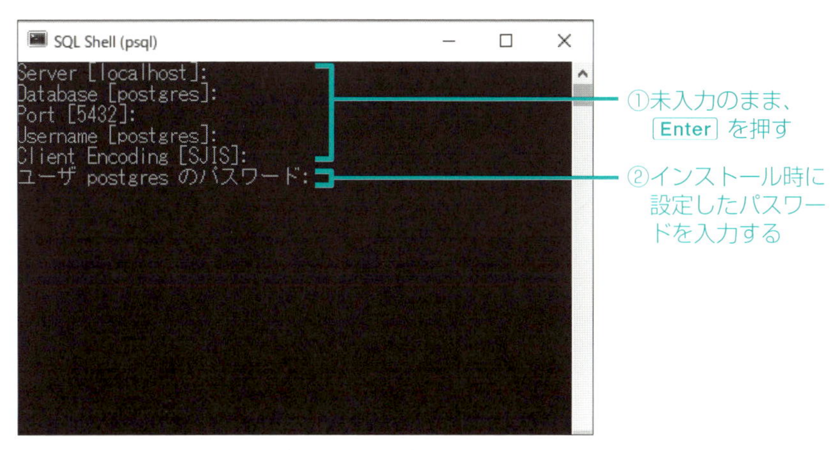

● 図3-24 psqlウィンドウでデータベースに接続する

ログインに成功すると、図3-25のように表示されます。

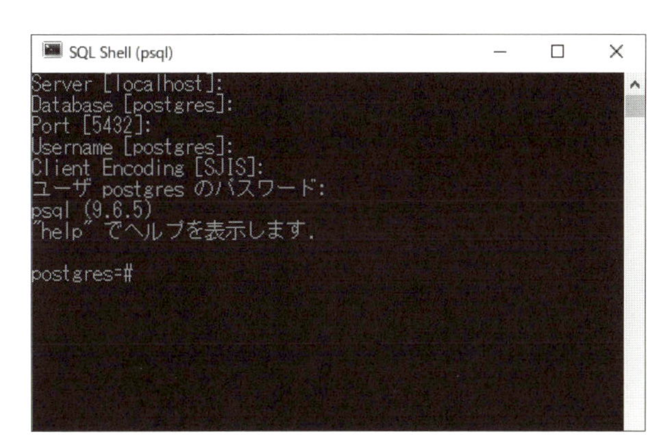

● 図3-25 データベースへの接続成功

● ③psqlの終了

psqlを終了する場合は、以下のようにコマンド(注8)を入力し、Enter を押して実行します。

```
postgres=# ¥q
```

(注7) パスワードは視覚的に見えませんが、気にせず入力してください。

(注8) 何らかの機能を実行させるための命令のことです。

実行すると「続行するには何かキーを押してください...」とメッセージが出ますので、何らかのキーを押すとpsqlウィンドウが終了します(注9)(図3-26)(注10)。このとき同時にpostgresデータベースからもログアウトしています。

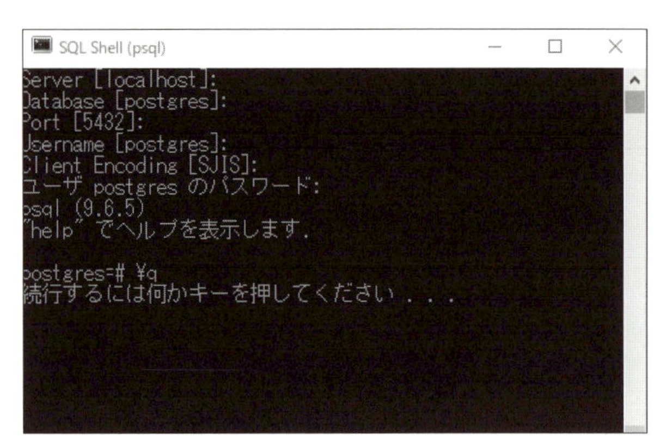

● 図3-26　psqlを終了する

3-2-3 学習環境データを取り込む

本書で使用する学習用データは、Chapter4以降でSQLの操作がすぐ行えるよう、簡単に取り込めるように実行ファイル形式で用意しています(注11)。以下の手順でデータを取り込んでください。

なお、学習用データの取り込みは何度でも実行可能です。実行時に学習用データベースである「bookstore」を一度削除してから再作成するしくみになっていますので、データを取り込むと、Chapter4からの学習に必要な初期状態に戻ります。

● ①psqlの起動

3-2-2を参考に、psqlを起動してpostgresデータベースにログインします。先ほどと同様に、Enter を押してすべて初期設定で進め(図3-27①)、最後に3-1-3「⑤管理者パスワードの設定」で指定したパスワードを入力して Enter を押します(図3-27②)。

(注9)　macOSの場合は、「プロセスが完了しました」というメッセージが出てきますので、左上の[×]をクリックしてウィンドウを終了します。

(注10)　psqlウィンドウ右上の[×]をクリックすることでも可能です。

(注11)　実行ファイルではなく、1つ1つのコマンドで実行していく方法は、Appendixを参照してください。

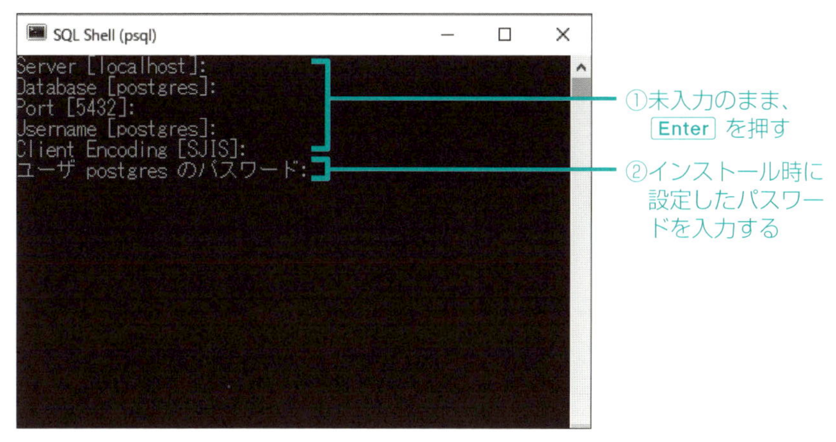

● 図3-27 psqlを起動する

● ②SQLファイルの読み込み

psqlからpostgresデータベースにログインできたら、以下のコマンドを実行し、SQLファイルを読み込ませてデータベースとテーブルを作成します(注12)。

```
postgres=# ¥i 'C:¥¥zerosql¥¥import.sql'
```

● ③psqlの終了

以下のコマンドを実行し、psqlを終了します。

```
postgres=# ¥q
```

3-2-4 データ取り込みの確認

3-2-2と同様の手順でpsqlを起動し、3-2-3で正しくデータが取り込めたかを確認してみましょう。

3-2-3では「bookstore」データベースを取り込みました。これは3-2-2でログインした「postgres」データベースとは異なるデータベースです(図3-28)。

(注12) macOSの場合は「postgres=# ¥i '/Users/xxx/Downloads/zerosql/import.sql'」と実行してください。なお、「xxx」はログインユーザ名に適宜置き換えてください。

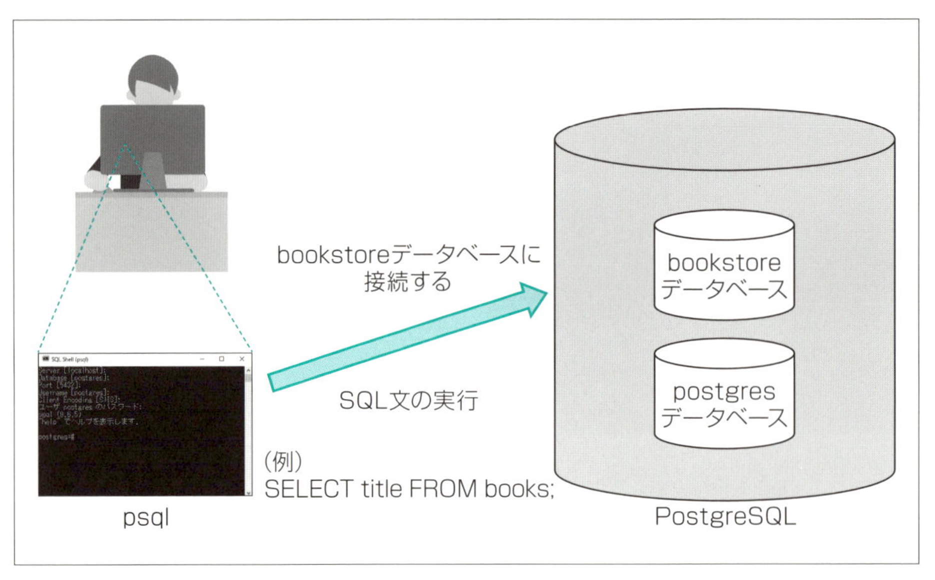

● 図3-28　psqlからのbookstore接続イメージ

psqlを起動した際の初期設定では、「postgres」データベースに接続しにいくことになっていました。今回は学習用データベースである「bookstore」にログインするため、「Database」以外は初期設定（Enter を押して次に進む）のまま（（**図3-29①**））、「Database」では「bookstore」と指定します（図3-29②）。

入力後は**3-1-3**「⑤管理者パスワードの設定」で指定したパスワードを入力して Enter を押します（図3-29③）。

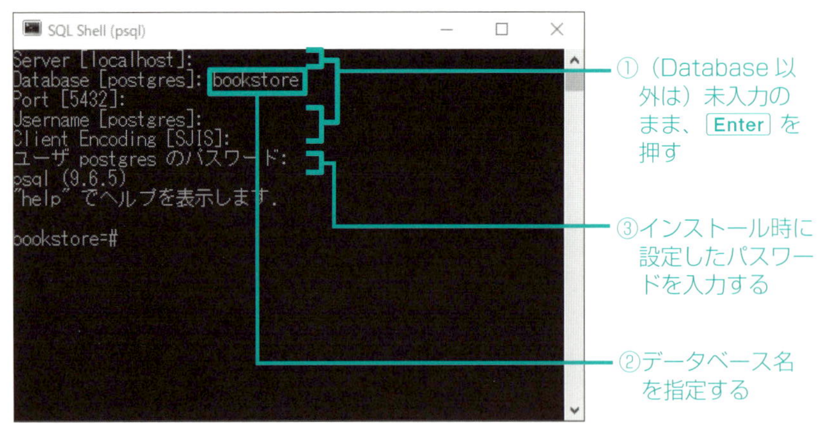

● 図3-29　「bookstore」データベースに接続する

これで学習用データベースである「bookstore」にログインできました。

それでは、テーブル一覧を表示させましょう。以下のようにコマンドを入力し、Enter を押します。

```
bookstore=# ¥d
```

図3-30のようにbooks、category、sampleテーブル名が表示されていれば、無事学習用データベースが取り込めています。

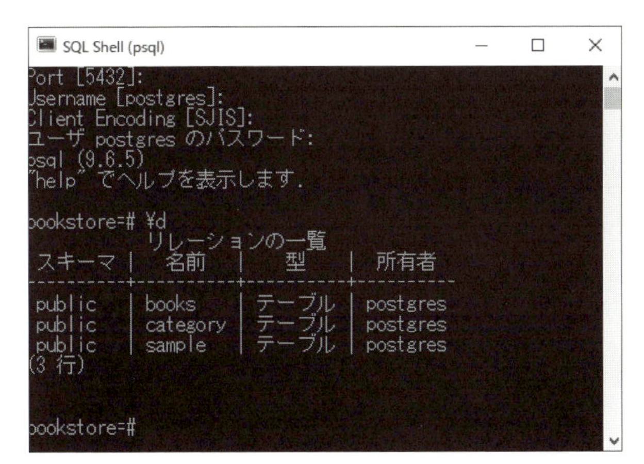

● 図3-30　テーブル一覧の表示

Chapter4以降では、このpsqlを引き続き使用してSQL文を実行します。ここでの操作をきちんとマスターしておきましょう。

要点整理

✔ **psql**

データベースに接続するためのツールである。PostgreSQLをインストールしたときに一緒にインストールされる。

✔ **「¥i」コマンド**

¥i (SQLファイル名) でファイルを読み込む際に使用する。

✔ **「¥q」コマンド**

psqlを終了し、Postgresのデータベースからログアウトする際に使用する。

✔ **「¥d」コマンド**

接続しているデータベースのテーブル一覧を表示する。

練習問題

問題1　PostgreSQLについて、次の文章の［ a ］～［ c ］に当てはまるものを答えてください。

PostgreSQLはインストール時に自動で［ a ］というデータベースが作成される。また、データベースに接続するための［ b ］というツールも一緒にインストールされるので、このツールを使ってデータベースにログインする。データベースからログアウトするときは、ツールの画面右上の"閉じる"ボタンをクリックするか、ツール上で［ c ］コマンドを実行する。

問題2　PostgreSQLをインストール後、bookstoreデータベースにログインし、次のコマンドを実行しました。何をするためのコマンドでしょうか？

```
bookstore=# ¥d
```

問題3　「zerosql」フォルダ内にある「practice.sql」ファイルを読み込ませ、以下のデータベースとテーブルを作成してください。その後、実際に作成されたかどうか、コマンドを実行して確認してください。

「practice」データベース
- 「t_item」テーブル
- 「t_order」テーブル

なお、ここで取り込んだデータは以降の章の練習問題で使用します。

CHAPTER

4

テーブルからデータを取り出してみよう

本ChapterからSQL文を実際に動かしてみましょう。まずはSELECT文を使って格納されたデータを取り出すところから始めます。これはSQLの中でもたいへんよく使われる、とても重要な操作です。一つ一つ確実に習得して進んでいきましょう。SQL文を実行する際は、実際にSQL文を書いて実行したら、必ず結果まで確認するようにしましょう。

4-1 基本的なSELECT文を実行しよう

まずはSQLの基本となるSELECT（セレクト）文から学んでいきましょう。

4-1-1 問い合わせとは

データベースのデータを検索し、データを取り出す操作を**問い合わせ**と言います。**SELECT（セレクト）**文は、問い合わせを行う際に使用します（図4-1）。

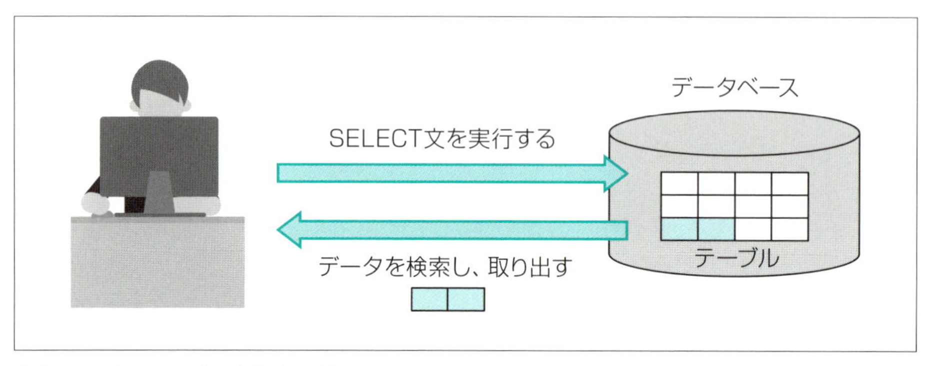

● 図4-1　SELECT文の実行イメージ

SQL文を実行する前に、psqlを起動してデータベースに接続しておきます。本Chapterから利用するデータベースは「bookstore」です。**3-2-2**を参考にして、「Database [postgres]:」のところで「bookstore」と指定してログインしましょう。

4-1-2 SELECT文の基本構文を確認する

SELECT文の基本構文は以下の通りです。

```
SELECT 取得したいカラム名
  FROM 対象とするテーブル名;
```

SQL文は**句(く)**という単位に分割することができます。句とは、SQL文を構成する要素のことです。SELECT文の場合は、**SELECT句**と**FROM(フロム)句**に分けることができます(**図4-2**)。

SELECT句には、対象とするテーブルに存在する**カラム名(列名)**や、**式**を指定します。複数のカラムを取得する場合は、カラム名を「**,(カンマ)**」で区切って指定します。

FROM句には、データベースのどのテーブルからデータを取り出すのか、その対象の**テーブル名**を指定します。

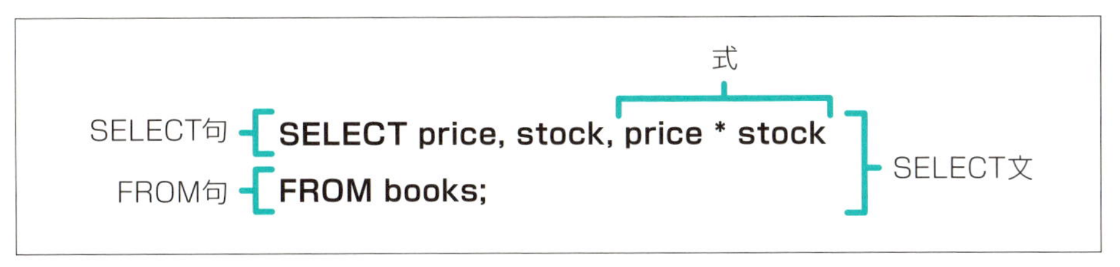

● 図4-2 文と句

4-1-3 すべてのカラムを取り出す

まずは、本(books)テーブルの**すべてのカラム**を取り出してみましょう。**図4-3**は、本(books)テーブルにあるすべてのカラム名を指定してSELECT文を実行した結果です。

SQL文

```
SELECT book_id, title, author, date, cat_id, price, stock
  FROM books;
```

実行結果

```
book_id |        title         |  author  |    date    | cat_id | price | stock
--------+----------------------+----------+------------+--------+-------+-------
  10001 | はじめてのSQL        | 佐藤一平 | 2016-08-30 |      4 |  2200 |    15
  10002 | 少年マンガ           | 小林次郎 | 2017-03-10 |      8 |   600 |    20
  10003 | 日本のおすすめガイド | 山本幸三郎 | 2016-01-21 |     10 |  1200 |     7
  10004 | 私の家庭料理         | 四条友子 | 2016-05-15 |      9 |  1000 |
  10005 | パソコンを作ってみよう | 五木花子 | 2016-11-23 |      4 |  1600 |     5
  10006 | よくわかる経済学     | 六角太郎 | 2017-01-20 |      3 |  1600 |    10
  10007 | うさこの日記         | 藤田七海 | 2017-02-25 |      7 |   700 |    18
  10008 | やさしいネットワーク | 田中八郎 | 2016-10-22 |      4 |  2100 |    12
  10009 | 料理をたのしもう     | 九藤幸子 | 2016-01-15 |      9 |  1300 |     3
  10010 | 彼とわたし           | 十文字愛 | 2017-02-16 |      2 |  1000 |     8
(10 行)
```

● 図4-3 すべてのカラムを指定してデータを取り出す

図4-3では、本(books)テーブルのすべてのカラムを指定したため、すべてのデータが表示されました。

ただ、図4-3ではSELECT句ですべてのカラム名を記述していますが、指定するカラムが多くなるほどすべてを書くのはとても面倒です。

このような場合は、カラム名を指定する際に「**＊(アスタリスク)**」を使用します。「＊」は**すべてのカラム**を表す記号です。

先ほどの図4-3と同じ意味のSELECT文を「＊」を使って実行したのが**図4-4**です。

SQL文

```
SELECT *
  FROM books;
```

実行結果

```
 book_id |        title         |   author   |    date    | cat_id | price | stock
---------+----------------------+------------+------------+--------+-------+-------
   10001 | はじめてのSQL        | 佐藤一平   | 2016-08-30 |      4 |  2200 |    15
   10002 | 少年マンガ           | 小林次郎   | 2017-03-10 |      8 |   600 |    20
   10003 | 日本のおすすめガイド | 山本幸三郎 | 2016-01-21 |     10 |  1200 |     7
   10004 | 私の家庭料理         | 四条友子   | 2016-05-15 |      9 |  1000 |
   10005 | パソコンを作ってみよう | 五木花子 | 2016-11-23 |      4 |  1600 |     5
   10006 | よくわかる経済学     | 六角太郎   | 2017-01-20 |      3 |  1600 |    10
   10007 | うさこの日記         | 藤田七海   | 2017-02-25 |      7 |   700 |    18
   10008 | やさしいネットワーク | 田中八郎   | 2016-10-22 |      4 |  2100 |    12
   10009 | 料理をたのしもう     | 九藤幸子   | 2016-01-15 |      9 |  1300 |     3
   10010 | 彼とわたし           | 十文字愛   | 2017-02-16 |      2 |  1000 |     8
(10 行)
```

● **図4-4　「＊(アスタリスク)」を使って図4-2と同じ結果を表示する**

いかがでしょうか。とても簡単な記述で図4-3と同じデータを取り出すことができました。

すべてのカラム名を記述しても、「＊」を使用しても、SELECT文の実行結果は変わりません。すべてのカラムを取り出す場合は、「＊」を使用すると良いでしょう。

Chapter2で説明した以下のSQLの書き方ルールに従えば、どのように書くかは自由です。

- **半角文字で入力する**
- **単語と単語の間には空白か改行を入れる**
- **SQL文の最後に「;(セミコロン)」を入れる**

慣れない間は、本書の実行結果と同じように、句の終わりで改行を入れながら書いていくとSQL文の構造がわかりやすくなります。

ここまでで、すべてのカラムを取り出すSQL文を2つ実行しました。psql画面では、1つのSQL文を実行して結果が表示されたあと、画面の最後に「bookstore=#」が表示されていれば、次のSQL文が実行できる状態を表します。SQL文を実行するごとにpsql画面を終了させなくても、続けてSQL文を実行することが可能です。

COLUMN

psqlにおけるSQL文の実行

本書ではPostgreSQLに付属したコンソールツール、psqlを使ってSQL文を実行していきます。

図4-3と図4-4ではSQL文が2行で書かれていましたが、psqlではこれらのSQLを**図4-a**のように実行できます。

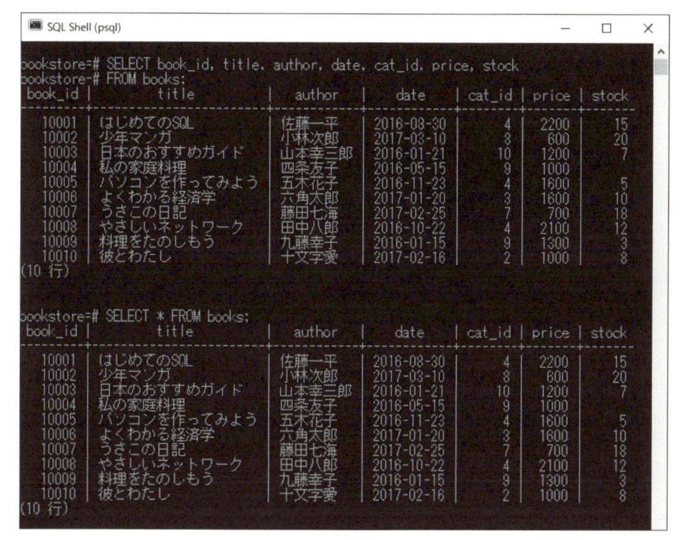

```
SQL Shell (psql)
bookstore=# SELECT book_id, title, author, date, cat_id, price, stock
bookstore-# FROM books;
 book_id |          title           |  author  |    date    | cat_id | price | stock
---------+--------------------------+----------+------------+--------+-------+-------
   10001 | はじめてのSQL            | 佐藤一平 | 2016-08-30 |      4 |  2200 |    15
   10002 | 少年マンガ               | 小林次郎 | 2017-03-10 |      8 |   600 |    20
   10003 | 日本のおすすめガイド     | 山本幸三郎 | 2016-01-21 |   10 |  1200 |     7
   10004 | 私の家庭料理             | 四条友子 | 2016-05-15 |      9 |  1000 |
   10005 | パソコンを作ってみよう   | 五木花子 | 2016-11-23 |      4 |  1600 |     5
   10006 | よくわかる経済学         | 六角太郎 | 2017-01-20 |      3 |  1600 |    10
   10007 | うさこの日記             | 藤田七海 | 2017-02-25 |      7 |   700 |    18
   10008 | やさしいネットワーク     | 田中八郎 | 2016-10-22 |      4 |  2100 |    12
   10009 | 料理をたのしもう         | 九藤幸子 | 2016-01-15 |      9 |  1300 |     3
   10010 | 彼とわたし               | 十文字愛 | 2017-02-16 |      2 |  1000 |     8
(10 行)

bookstore=# SELECT * FROM books;
 book_id |          title           |  author  |    date    | cat_id | price | stock
---------+--------------------------+----------+------------+--------+-------+-------
   10001 | はじめてのSQL            | 佐藤一平 | 2016-08-30 |      4 |  2200 |    15
   10002 | 少年マンガ               | 小林次郎 | 2017-03-10 |      8 |   600 |    20
   10003 | 日本のおすすめガイド     | 山本幸三郎 | 2016-01-21 |   10 |  1200 |     7
   10004 | 私の家庭料理             | 四条友子 | 2016-05-15 |      9 |  1000 |
   10005 | パソコンを作ってみよう   | 五木花子 | 2016-11-23 |      4 |  1600 |     5
   10006 | よくわかる経済学         | 六角太郎 | 2017-01-20 |      3 |  1600 |    10
   10007 | うさこの日記             | 藤田七海 | 2017-02-25 |      7 |   700 |    18
   10008 | やさしいネットワーク     | 田中八郎 | 2016-10-22 |      4 |  2100 |    12
   10009 | 料理をたのしもう         | 九藤幸子 | 2016-01-15 |      9 |  1300 |     3
   10010 | 彼とわたし               | 十文字愛 | 2017-02-16 |      2 |  1000 |     8
(10 行)
```

●**図4-a　psqlにおけるSQL文の実行**

最初のSQL文は図4-3と同じで、SELECT句とFROM句で行が分かれています。注意してほしいのは、それぞれに「bookstore=#」というプロンプトがありますが、この2行で1つのSQL文として見なされているところです。これは先ほど述べたように、SQL文の最後に「;」を入れるまではSQL文が終わったと認識されないためです。

また、2つ目のSQL文は図4-4と同じですが、1行でまとめて記述しても正常に実行されていることがわかります。

つまり、何行に分けて書いても1行にまとめて書いても、「SQL文の最後に『;』を入れる」ということを覚えておけば、好きな書き方をして良いということです。

本書ではSQL文の構造がわかりやすいよう、複数行に分けて記述していますが、自身に合った書き方を身に付けると良いでしょう。

4-1-4 指定したカラムだけを取り出す

今度は指定したカラム（列）だけを取り出してみましょう。**図4-5**は、本（books）テーブルから書籍名（title）と価格（price）を取り出すSQL文です。

SQL文

```
SELECT title, price
  FROM books;
```

実行結果

```
         title          | price
------------------------+-------
 はじめてのSQL          |  2200
 少年マンガ             |   600
 日本のおすすめガイド   |  1200
 私の家庭料理           |  1000
 パソコンを作ってみよう |  1600
 よくわかる経済学       |  1600
 うさこの日記           |   700
 やさしいネットワーク   |  2100
 料理をたのしもう       |  1300
 彼とわたし             |  1000
(10 行)
```

● **図4-5　指定したカラムだけを取り出す**

指定した書籍名（title）と価格（price）のデータのみが表示されていることがわかります。

図4-5のSQL文では、FROM句でデータベースの中から本（books）テーブルのデータを取り出しました（**図4-6①**）。またSELECT句では、その中の特定のカラムを指定しているため（図4-6②）、実行結果には特定のカラムだけが表示されました。

COLUMN

psqlの便利な機能

「bookstore=#」が表示されている状態で、↑を押すと、直前に実行したSQL文やコマンドの履歴が表示されます。SQL文の入力に慣れるまでは、できるだけ一から入力することをおすすめしますが、履歴からSQL文やコマンドを実行することも可能です。慣れてきたらぜひ活用してみましょう。

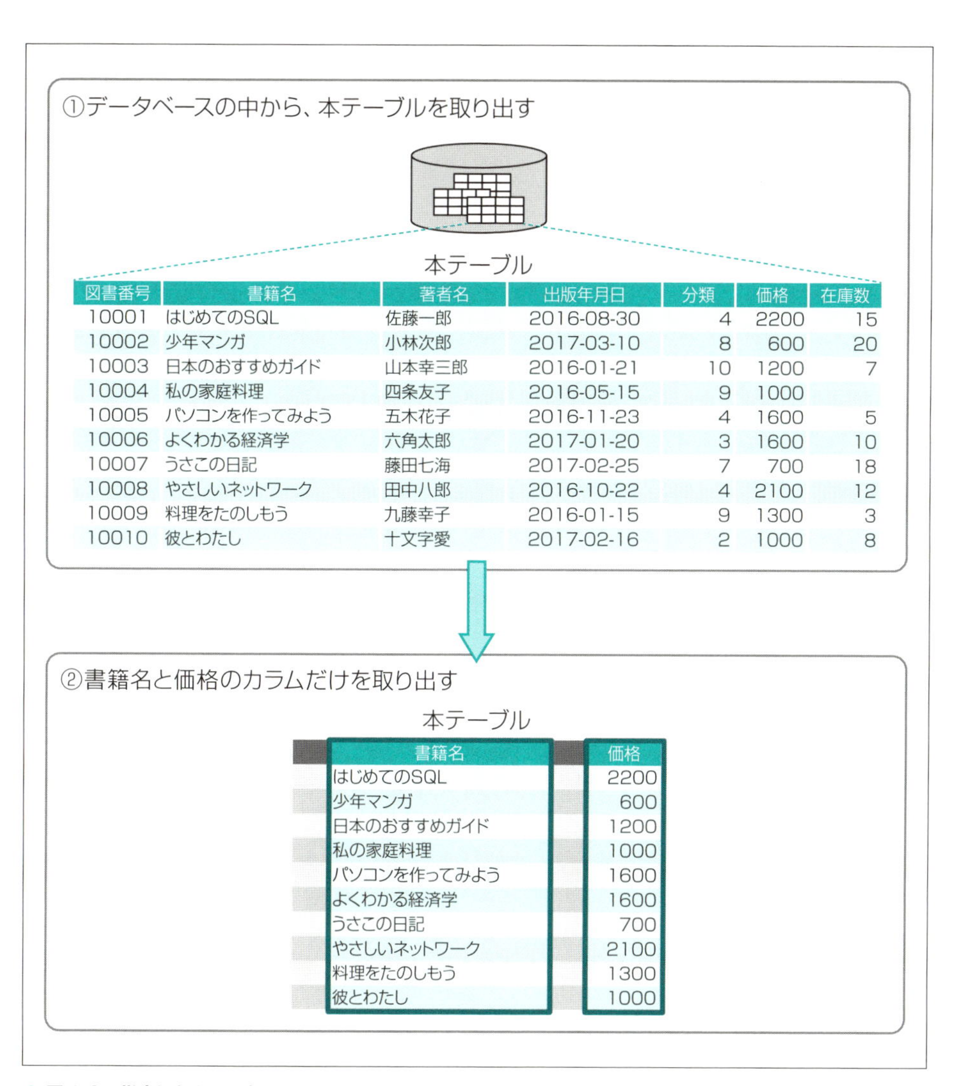

図書番号	書籍名	著者名	出版年月日	分類	価格	在庫数
10001	はじめてのSQL	佐藤一郎	2016-08-30	4	2200	15
10002	少年マンガ	小林次郎	2017-03-10	8	600	20
10003	日本のおすすめガイド	山本幸三郎	2016-01-21	10	1200	7
10004	私の家庭料理	四条友子	2016-05-15	9	1000	
10005	パソコンを作ってみよう	五木花子	2016-11-23	4	1600	5
10006	よくわかる経済学	六角太郎	2017-01-20	3	1600	10
10007	うさこの日記	藤田七海	2017-02-25	7	700	18
10008	やさしいネットワーク	田中八郎	2016-10-22	4	2100	12
10009	料理をたのしもう	九藤幸子	2016-01-15	9	1300	3
10010	彼とわたし	十文字愛	2017-02-16	2	1000	8

書籍名	価格
はじめてのSQL	2200
少年マンガ	600
日本のおすすめガイド	1200
私の家庭料理	1000
パソコンを作ってみよう	1600
よくわかる経済学	1600
うさこの日記	700
やさしいネットワーク	2100
料理をたのしもう	1300
彼とわたし	1000

● **図4-6　指定したカラムを取り出すイメージ**

4-1-5 カラムに別名を付ける

図4-5では、書籍名(title)と価格(price)を指定して取り出しました。ただ、項目名が英語表記だと、一見して何のカラムを出力されているのか、わかりづらいことがあります。そのような場合は、SQL文実行時にすぐにわかりやすいように、カラムに別名を付けることが可能です。

カラムに別名を付ける場合は、**AS句**を使用します(**図4-7**)。

SQL文

```
SELECT title AS 書籍名, price AS 価格
  FROM books;
```

実行結果

```
          書籍名          |  価格
--------------------------+--------
 はじめてのSQL            |  2200
 少年マンガ               |   600
 日本のおすすめガイド     |  1200
 私の家庭料理             |  1000
 パソコンを作ってみよう   |  1600
 よくわかる経済学         |  1600
 うさこの日記             |   700
 やさしいネットワーク     |  2100
 料理をたのしもう         |  1300
 彼とわたし               |  1000
(10 行)
```

● **図4-7　カラムに別名を付ける**

項目名が日本語になって実行結果がわかりやすくなりました。例えば、出力結果をコピーして他のファイルに貼り付けて(注1)資料として使用する際などは、このようにわかりやすい名前を付けるようにすると、非常に便利です。

TIPS

(注1)　出力結果をコピーするには、コピーする範囲を選択してから、psql (SQL SHELL) 画面の左上にある画面アイコンをクリックし、「編集(E)」、「コピー(Y)」をクリックします。

4-1-6 重複した行を除いて抽出する

図4-3の本(books)テーブルの出力結果を見てみると、分類番号(cat_id)のカラムに同じ数字が入っていることがわかります。

ここでは、本(books)テーブルの分類番号(cat_id)を取り出し、重複した行を除いて表示させてみましょう。重複行の削除には**DISTINCT(ディスティンクト)**を使用します(**図4-8**)。

SQL文

```
SELECT DISTINCT cat_id
  FROM books;
```

実行結果

```
 cat_id
--------
      8
      4
      3
     10
      9
      2
      7
(7 行)
```

● 図4-8　重複した行を除いて抽出する

分類番号(cat_id)のうち、「4」「9」「10」「7」の重複が取り除かれ、それぞれ1件ずつのレコードとして抽出されていることがわかります。

図4-8のSQL文では、FROM句でデータベースの中から本(books)テーブルのデータを取り出しました(**図4-9①**)。SELECT句では特定のカラムを指定して抽出し(図4-9②)、DISTINCTで重複を取り除いて抽出しています(図4-9③)。

1つのカラム内に、何種類のデータがあるかを調べたい場合は、このDISTINCTを使うと便利です。図4-8を実行することによって、本(books)テーブルには7種類の分類コードを持った本が登録されていることがわかりました。

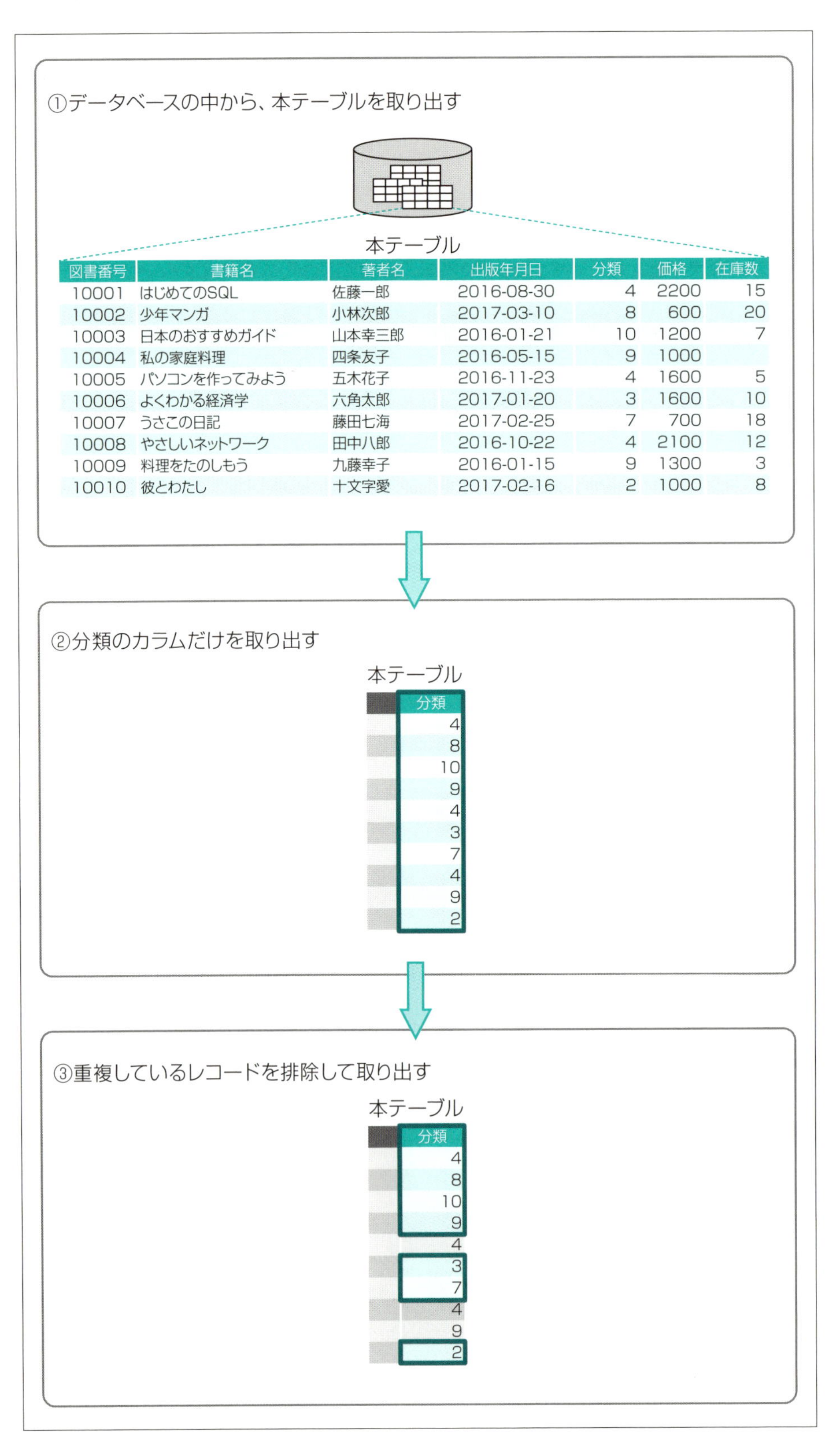

● 図4-9　重複した行を除いて抽出するイメージ

4-2 WHERE句で検索条件を指定して絞りこもう

テーブルに格納されたデータは、4-1-2で説明したように、すべてのレコードを表示することもできますが、特定のデータを表示させる場合は、検索条件を指定してデータを絞りこむこともできます。

ここでは、WHERE句を使ったさまざまな検索条件の指定方法について学習していきましょう。

4-2-1 WHERE句の基本構文を確認する

SELECT文に**WHERE(ホエア)句**を使えば、検索条件に特定のレコードを指定して、絞り込むことができます。

WHERE句の基本構文は以下の通りです。

```
SELECT 取得したいカラム名
  FROM 対象とするテーブル名
 WHERE 取得したいレコードの条件;
```

WHERE句には、対象とするテーブルの中で、どのレコードを取得するかを指定します。複数の条件を指定することも可能です(注2)。

4-2-2 特定の行を抽出する

bookstoreデータベースにある本(books)テーブルのレコード数は10件ですが、一般的に業務で利用されているテーブルは、レコード数が数行のものから数十万行、数百万行のものまで大きさはさまざまです。

また、レコードを抽出するときは、すべてのレコードを対象にすることもあれば、特定のレコードだけを絞って抽出することもあります。どちらかと言えば、後者のように、絞り込んでレコードを抽出するほうが多いでしょう。

ここでは、本(books)テーブルから、図書番号(book_id)が「10001」の書籍名(title)を抽出してみましょう(図4-10)。

(注2)　複数条件の指定については4-3-11を参照してください。

SQL文

```
SELECT title
  FROM books
 WHERE book_id = 10001;
```

実行結果

```
      title
---------------
   はじめてのSQL
(1 行)
```

● 図4-10 特定の行を抽出する

本(books)テーブルから、条件の「10001」に一致したレコードが1件抽出されました。

図4-10のSQL文では、FROM句でテータベースの中から本(books)テーブルのデータを取り出しました(**図4-11**①)。WHERE句で指定された行のデータを抽出し(図4-11②)、SELECT句では特定のカラムを指定して抽出しています(図4-11③)。

数学で扱う数式のように、**「=(イコール)」**を使用すると、条件と**等しい**レコードを抽出することができます。「=(イコール)」の前後には半角の空白が入っていますが、これは見やすくするためにあえて入れています。「=(イコール)」のような演算子(注3)を使用する場合は、**前後に空白を入れても入れなくても、実行結果に影響を及ぼさない**ことを覚えてください。

TIPS (注3) 演算子については4-3を参照してください。

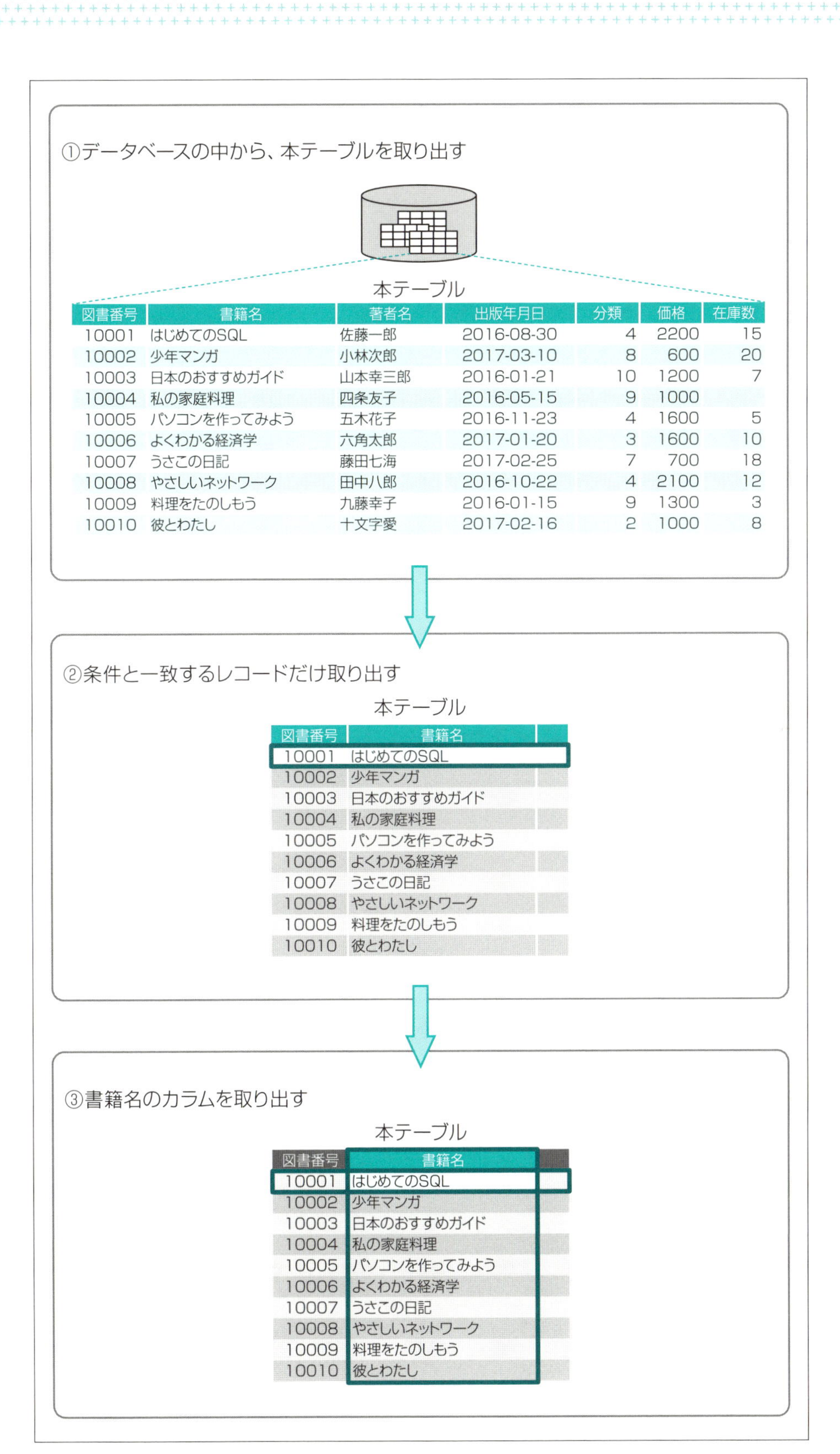

● **図4-11　特定の行を抽出するイメージ**

4-3 演算子を使ってみよう

SQL文では演算子を使って、値の計算や比較などを行えます。ここでは、主な演算子を紹介し、その使用例を確認しながら、理解していきましょう。

4-3-1 演算子とは

演算子とは、1つ以上の式に対して値を計算したり比較を行う際に使用する記号です。主な演算子の種類は表4-1の通りです。

● 表4-1　主な演算子の種類

演算子の種類	説明
算術演算子	四則演算を行う記号
比較演算子	値の比較を行う記号や文字列
論理演算子	値を比較して真か偽かの判別を行う文字列

4-3-2 算術演算子とは

算術演算子とは、四則演算で使用する「**＋**」や「**－**」などの記号のことです。

SQLでは算術演算子を使って、テーブルから取り出した値を計算して表示させることが可能です。算術演算子は、**SELECT句で使用したり、WHERE句やORDER BY（オーダーバイ）句**(注4)などで使用することが可能です。

● 主な算術演算子

SQLでは使用可能な多くの算術演算子が用意されていますが、主なものを表4-2にまとめました。なお、演算子を使用する際は、必ず**半角**で入力してください。

（注4）　ORDER BY句については4-4を参照してください。

● 表4-2　主な算術演算子

演算子	説明	例	結果
+	足し算	2 + 5	7
-	引き算	2 - 5	-3
*	掛け算	2 * 5	10
/	割り算（整数の割り算では余りを切り捨て）	5 / 2	2

4-3-3 SELECT句で算術演算子「*」を使用する

それでは、本(books)テーブルから価格(price)と在庫数(stock)を取り出し、さらに2つのカラムを掛け算して「在庫金額」という名前を付けて抽出しましょう(図4-12)。

SQL文

```
SELECT price, stock, price * stock AS 在庫金額
  FROM books;
```

実行結果

```
 price | stock | 在庫金額
-------+-------+----------
  2200 |    15 |    33000
   600 |    20 |    12000
  1200 |     7 |     8400
  1000 |       |
  1600 |     5 |     8000
  1600 |    10 |    16000
   700 |    18 |    12600
  2100 |    12 |    25200
  1300 |     3 |     3900
  1000 |     8 |     8000
(10 行)
```

● 図4-12　SELECT句で算術演算子を使用する

結果は「10行」抽出されました。この中で4行目の在庫数(stock)と在庫金額は空白になっています。この値が何も入っていない状態は**NULL**(注5)を表しています。

NULLとはセルに値が何も格納されていない、空の状態のことでした。よって、**NULLを演算しても結果はNULL**となります。また、図4-12での掛け算に限らず、その他の演算を行った場合も、NULLを演算した結果はすべてNULLとなります。

(注5)　NULLについては1-3-3を参照してください。

4-3-4 WHERE句で算術演算子「*」を使用する

今度は、図4-12にWHERE句を追加して、価格(price)と在庫数(stock)を掛け算した「在庫金額」の値が「8000と等しい」レコードだけを抽出してみましょう(**図4-13**)。

SQL文

```
SELECT price, stock, price * stock AS 在庫金額
  FROM books
 WHERE price * stock = 8000;
```

実行結果

```
 price | stock |   在庫金額
-------+-------+----------
  1600 |     5 |     8000
  1000 |     8 |     8000
(2 行)
```

● 図4-13　WHERE句で算術演算子を使用する

「在庫金額」の値が「8000と等しい」という条件に一致した2件のレコードが抽出されました。

4-3-5 比較演算子とは

比較演算子とは、値と値が等しいかどうかの比較や、大きさの比較を行うための記号や文字列のことです。

比較演算子を使用して、さまざまな条件式を書くことができます。それでは、今度はWHERE句の検索条件に比較演算子を使用してみましょう。

● 主な比較演算子

比較演算子には、「**=**」や「**<>**」、「**BETWEEN**」などの記号や文字列があります(**表4-3**)。

● 表4-3　主な比較演算子

比較条件	意味
=	等しい
!=、 <>	等しくない
>=	以上
<=	以下
>	より大きい
<	より小さい
BETWEEN a AND b	a以上b以下(注8)
NOT BETWEEN a AND b	a以上b以下の範囲外
IN (リスト)	リスト内のいずれかと等しい ※リストの記述例 (A , B)
NOT IN (リスト)	リスト内のいずれとも等しくない ※リストの記述例 (A , B)
IS NULL	NULL値である
IS NOT NULL	NULL値でない
LIKE	文字パターンと一致する
NOT LIKE	文字パターンと一致しない

表4-3の比較演算子も算術演算子と同じようにすべて**半角**で入力してください。また、「<=」や「>=」は「<」と「=」の間に、「<>」も間に空白を入れてはいけないことに注意してください。

また、通常「**等しい**」を表すには「**=**」を用いますが、**対象がNULLの場合のみ「=」を使用することができません**。NULLを判定する場合は、「**IS NULL**」または「**IS NOT NULL**」を使用することを覚えておきましょう。

4-3-6 「<」演算子を使ってレコードを抽出する

それでは、本(books)テーブルにおいて、価格(price)が「1000未満」のレコードの書籍名(title)と価格(price)を比較演算子を使って抽出しましょう。

未満を指定するには「**<**」演算子を使用します(図4-14)。

(注6)　下限を先に指定してください。

SQL文

```
SELECT title, price
  FROM books
 WHERE price < 1000;
```

実行結果

```
    title      | price
--------------+-------
 少年マンガ     |   600
 うさこの日記   |   700
(2 行)
```

● 図4-14 比較演算子を使ってレコードを抽出する

価格(price)が「1000未満」のレコードとして2件抽出されました。

4-3-7 あいまい検索とは

比較演算子の1つである「**LIKE**」を使用すると、文字パターンと部分的に一致しているどうかを判定することができます。先ほど「=」を使って条件に等しいレコードを抽出しましたが、これは値が条件に「完全に一致する」ものだけを抽出できる演算子でした。

場合によっては、何か特定の文字を含む値を検索したいことがあるかもしれません。例えば、書籍名に「料理」という文字列を含む本が何冊あるかを調べたい場合、LIKE演算子を使って「あいまい検索」を行うことができます。

● ワイルドカードとは

あいまい検索を行う際、文字パターンを表現するには**ワイルドカード**と呼ばれる特殊な記号を使います。ワイルドカードは**表4-4**に挙げた2つの記号を使用します。

● 表4-4 ワイルドカードで使用する記号

記号	説明
%(パーセント)	0文字以上の任意の文字列
_(アンダースコア)	任意の一文字

4-3-8 LIKE演算子を使ってあいまい検索を行う

それでは、実際にあいまい検索を行ってみましょう。**図4-15**では、書籍名(title)に「料理」という文字列を含むレコードを抽出しています。

SQL文

```
SELECT title
  FROM books
 WHERE title LIKE '%料理%';
```

実行結果

```
      title
------------------
 私の家庭料理
 料理をたのしもう
(2 行)
```

● 図4-15　LIKE演算子を使ってあいまい検索を行う(その1)

2件のレコードが抽出されました。今回は書籍名(title)に「料理」という文字列が含まれることが条件でした。文字列「料理」の前後に、どのような文字が何文字含まれているかが明確ではないため、「料理」の前後に「%」を使用しました。このように、セルの値の何文字目かはわからないが、その文字を含んでいるものを検索する方法を「**部分一致**」と言います。

この「%」の位置を変更して「料理%」と検索した場合、「料理をたのしもう」は抽出されますが、「私の家庭料理」は抽出されません。このように、一致させたい文字が文字列の前方にある検索方法を「**前方一致**」と言います。逆に「%料理」というように、一致させたい文字が文字列の後方にある検索方法を「**後方一致**」と言います。

また、「%」ではなく「_」を使って「私の家庭料理」を検索しようとすると、**図4-16**のように書き換えることができます。

SQL文

```
SELECT title
  FROM books
 WHERE title LIKE '____料理';
```

実行結果

```
    title
--------------
 私の家庭料理
(1 行)
```

● 図4-16　LIKE演算子を使ってあいまい検索を行う(その2)

これは「料理」の前にある文字列が「4文字」であることがあらかじめわかっているため、「_」を4つ指定することで検索が可能となりました。

ワイルドカードは、検索対象の前後の文字数がわからない場合は「%」、あらかじめわかっている場合は「_」を使用するようにしましょう。

4-3-9 LIKE比較条件の種類

ワイルドカードは、文字を検索する際にたいへんよく使われる記号です。先ほど「部分一致」「前方一致」「後方一致」について説明しましたが、ここでは、それぞれの用例を確認しながら、ワイルドカードを使用した検索方法を再度確認してみましょう。

なお、一致例として挙げているのは、本書の本(books)テーブルにおける著者名(author)で実行した場合のものです。

● 部分一致

カラムの値が条件を含んでいる検索方法です。

```
author LIKE '%藤%'
```
著者名(author)に「%藤%」の条件を含む。
例えば、「佐藤一平」「藤田七海」「九藤幸子」が一致

```
author LIKE '_藤%'
```
著者名(author)の2文字目が「藤」の条件を含む。
「佐藤一平」「九藤幸子」が一致

● 前方一致

カラムの値の前方が条件と一致する検索方法です。

```
author LIKE '藤%'
```
著者名(author)が「藤」で始まる条件を含む。
「藤田七海」が一致

● 後方一致

カラムの値の後方が条件と一致する検索方法です。

```
author LIKE '%郎'
```
著者名(author)が「郎」で終わる。
「小林次郎」「六角太郎」「田中八郎」が一致

COLUMN

ESCAPE文字による処理

ワイルドカード(%や_)自体をLIKE条件で文字として検索する場合は、ESCAPE(エスケープ)文字である「¥」を使用します。

例えば、「合格率100%」というタイトルの本があり、書籍名に「%」を含むあいまい検索を行う場合は以下のようになります。

```
title LIKE '%¥%%'
```
「合格率100%」が一致

4-3-10 論理演算子とは

論理演算子とは、値と値を比較して、真か偽かの判別を行う文字列のことです。

論理演算子を使用して、WHERE句の条件に、さまざまな条件を組み合わせることが可能です。ここまでは1つの条件でレコードの抽出を行ってきましたが、ここからは、論理演算子を使用して複数の条件を組み合わせ、本(books)テーブルからレコードを抽出してみましょう。

● 主な論理演算子

論理演算子には、**表4-5**の3つがあります。

● **表4-5　論理演算子**

論理条件	意味	ベン図
NOT(ノット)	否定 NOT a(aでない)	集合a
AND(アンド)	論理積 a AND b(aかつb)	集合a 集合b
OR(オア)	論理和 a OR b(aまたはb)	集合a 集合b

4-3-11 AND演算子を使ってさまざまな条件を記述する

それでは、AND演算子を使ってさまざまな条件を記述してみましょう。

図4-17では、出版年月日(date)が「2016年」、かつ在庫数(stock)が「10冊以下」のレコードの書籍名(title)と著者名(author)を抽出しています。

SQL文

```
SELECT title, author
  FROM books
 WHERE date BETWEEN '20160101' AND '20161231' AND stock <= 10;
```

実行結果

```
         title          |    author
------------------------+------------
 日本のおすすめガイド       |  山本幸三郎
 パソコンを作ってみよう     |   五木花子
 料理をたのしもう          |   九藤幸子
(3 行)
```

● 図4-17　AND演算子を使ってさまざまな条件を記述する

WHERE句の「date BETWEEN '20160101' AND '20161231'」では、出版年月日（date）が2016年1月1日から2016年12月31日の間を指定しています。この部分は比較演算子を使って、「date >= '20160101' AND date <= '20161231'」というように書き換えることもできます。

WHERE句の条件に値を設定する際、日付を「**'（シングルクォーテーション）**」で囲っています。これまで数値を指定する際は「'」で囲まず、そのまま記述していました。これは日付が日付型（Date型）というデータ型になっており、これまでの数値（整数型）とデータ型(注7)が異なるためです。

条件などで値を指定する際、**数値はそのまま記述できますが、文字列と日付については「'」で囲む必要がある**ことに注意しましょう。

4-3-12 演算子の優先順位

ここまでで、SQLで使用できる演算子と、これらを組み合わせて検索条件を指定できることがわかったと思います。ただし注意してほしいのは、これらの演算子には**優先順位**があり、使用する順番を変えると実行結果も変わってしまう可能性があるという点です。

演算子の優先順位を示したのが図4-18です。

（注7）　データ型については、Appendixを参照してください。

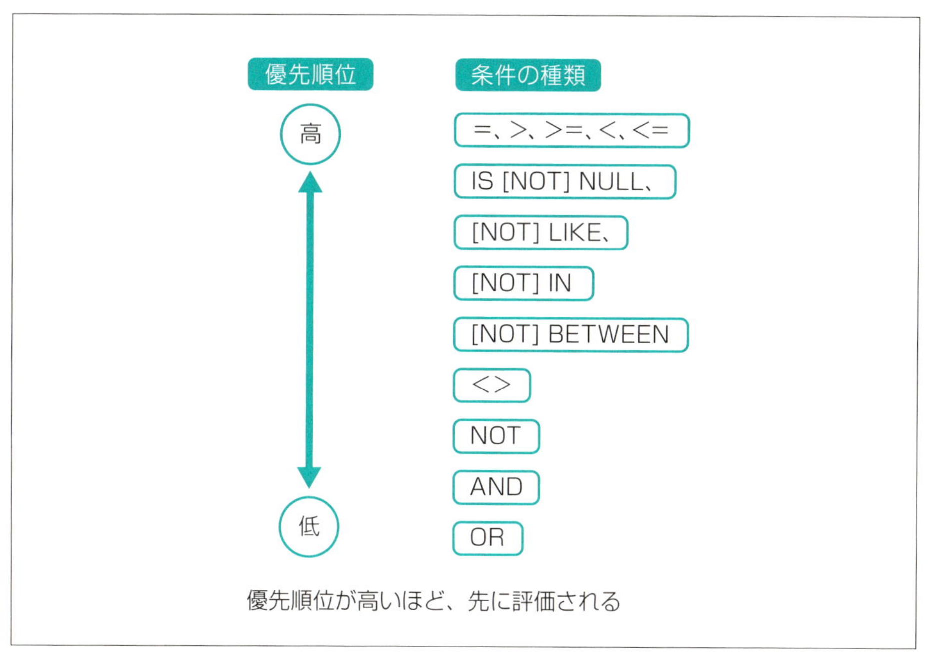

● 図4-18　演算子の優先順位

図4-18の中の優先順位を次に挙げる2つの例で確認していきましょう。

● 演算子の優先順位の例（その1）

まずは図4-19の実行結果を見てください。

SQL文

```
SELECT *
  FROM books
 WHERE cat_id = 4 OR cat_id = 3 AND price = 1600;
```

実行結果

book_id	title	author	date	cat_id	price	stock
10001	はじめてのSQL	佐藤一平	2016-08-30	4	2200	15
10005	パソコンを作ってみよう	五木花子	2016-11-23	4	1600	5
10006	よくわかる経済学	六角太郎	2017-01-20	3	1600	10
10008	やさしいネットワーク	田中八郎	2016-10-22	4	2100	12

(4 行)

● 図4-19　演算子の優先順位の例（その1）

図4-19のWHERE句での優先順位のイメージを図にしたのが図4-20です。

```
SELECT *
  FROM books
 WHERE cat_id = 4 OR                     条件2
       cat_id = 3 AND price = 1600;      条件1
```

● 図4-20　図4-19のWHERE句における条件の優先順位イメージ

ANDはORよりも優先されるため、まず図4-19の条件1「分類番号(cat_id)が3と等しい、かつ価格(price)が1600と等しい」に当てはまるレコードが抽出されます。そのあとに図4-20の条件2が適用されます。

図4-20の条件2は「分類番号(cat_id)が4と等しい、または」という条件です。そのため、条件1の結果と条件2の結果に当てはまる4件のレコードが抽出されました。

● 演算子の優先順位の例(その2)

次に図4-21の実行結果を見てみましょう。

SQL文

```
SELECT *
  FROM books
 WHERE (cat_id = 4 OR cat_id = 3)
   AND price = 1600;
```

実行結果

```
 book_id |       title        |  author   |    date    | cat_id | price | stock
---------+--------------------+-----------+------------+--------+-------+-------
   10005 | パソコンを作ってみよう | 五木花子   | 2016-11-23 |      4 |  1600 |     5
   10006 | よくわかる経済学       | 六角太郎   | 2017-01-20 |      3 |  1600 |    10
(2 行)
```

● 図4-21　演算子の優先順位の例(その2)

図4-21のWHERE句での優先順位のイメージを図にしたのが図4-22です。

```
SELECT *
  FROM books
 WHERE (cat_id = 4 OR cat_id = 3)    条件1
   AND price = 1600;                 条件2
```

● 図4-22　図4-21のWHERE句における条件の優先順位イメージ

本来はORよりANDが優先されますが、OR条件は「**()(カッコ)**」でくくられています。四則演算において「×、÷」より「+、−」を優先させる際に「()」を使うのと同様に、WHERE句の条件指定においても、WHERE句の条件指定で「()」を用いて優先順位を変更することが可能です。

まず、図4-22の条件1「分類番号(cat_id)が4または3と等しい」条件に当てはまるレコードが抽出され、その後に図4-22の条件2が適用されています。ここでは「かつ価格(price)が1600と等しい」となっていますので、「条件1で抽出されたレコードのうちで、かつ価格(price)が1600と等しい」2件のレコードが抽出されました。

2つのSQLの実行結果から、優先順位によって実行結果に違いが出ることをわかっていただけたでしょうか。演算子によって優先順位が決まっています。

WHERE句の検索条件を指定する際は難しく考えず、まずは絞り込みたい条件を一つ一つ挙げていき、書いていく順番を意識するようにしてください。そして求めたいデータがきちんと抽出できたかを実行結果を確認しながら進めていくと良いでしょう。

COLUMN

ANDとORの使い分け

WHERE句の条件式を考える際、慣れるまではANDとORの使い分けで迷うかもしれません。例えば、「分類番号(cat_id)が3と4のレコードを抽出する。」という条件を考える際、「3と4」と言われると、ついANDを使いたくなってしまいます。

```
WHERE cat_id = 3 AND cat_id = 4
```

しかしここで使用する論理演算子はORですね。**1-3-3**で学習したように、1つのセルには1つの値しか入らないことを覚えていますか? つまり、2つ以上の値は入っていないのです。

ANDは「かつ」を表しています。上記のようにANDを使用すると「3であって、かつ4である」という意味になりますので、3と4の値がどちらも入っているセルは存在せず、1件も抽出されません。

条件を設定する際、**同じカラムに対する複数条件にはORを使用する**ということを覚えておきましょう。

4-4 取り出したデータを並べ替えてみよう

SQLでは、取り出したレコードを指定したカラムを基準にして並べ替えることができます。並べ替えはレコード単位で行います。

4-4-1 ORDER BY句による並べ替えとは

これまで、SELECT文を使ってテーブルのデータを取り出してきましたが、複数のレコードが抽出された場合、どのような順番で表示されているのでしょうか？ 本(books)テーブルの1つ目のカラムである図書番号順でしょうか？

実は、表示される順番には決まりがなく、「必ずこの順番で表示される」という保証はありません。取り出す順番はDBMSにおまかせなのです。

そのため、「この順番で取り出したい」という希望があれば、そのように**順番を指定する必要がある**のです。例えば、在庫数の多い順から並べたいとか、出版年月日順に並べたいとか、自分の好きな順番に並べ替えたいこともあるでしょう。並べ替えを行うときには、**ORDER BY（オーダーバイ）句**を使用します。

ここでは、SELECT句でデータを取り出すと同時に、ORDER BY句で指定した順番に並べ替えてみましょう。

4-4-2 ORDER BY句の基本構文を確認する

ORDER BY句の基本構文は以下の通りです。

```
SELECT 取得したいカラム名
  FROM 対象とするテーブル名
(WHERE 取得したいレコードの条件)
 ORDER BY 並べ替えの基準にしたいカラム名 キーワード;
```

ORDER BY句には、並べ替えの基準にしたいカラム名とキーワードを指定します。

4-4-3 ORDER BY句を使って並べ替えを行う

まずはキーワードなしで抽出してみましょう。図4-23では、書籍名(title)と在庫数(stock)を取り出し、ORDER BY句に在庫数(stock)を指定しています。

SQL文

```
SELECT title, stock
  FROM books
 ORDER BY stock;
```

実行結果

```
          title           | stock
--------------------------+-------
 料理をたのしもう          |     3
 パソコンを作ってみよう     |     5
 日本のおすすめガイド       |     7
 彼とわたし               |     8
 よくわかる経済学          |    10
 やさしいネットワーク       |    12
 はじめてのSQL            |    15
 うさこの日記              |    18
 少年マンガ               |    20
 私の家庭料理              |
(10 行)
```

● 図4-23　ORDER BY句を使って並べ替えを行う

図4-23のSQL文では、FROM句でテータベースの中から本(books)テーブルのデータを取り出しました(**図4-24①**)。SELECT句では特定のカラムを指定して抽出し(図4-24②)、ORDER BY句で指定した在庫数の少ない順で並べ替えています(図4-24③)。

また、図4-23のようにORDER BY句にカラム名のみを指定した場合は、**指定したカラムの昇順**(後述)で並べ替えられることは覚えておいてください。

4-4-4 昇順と降順を指定するには

先ほどはカラム名のみを指定しましたが、今度はカラム名の後ろにキーワードを指定して並べ替えを行ってみましょう。

● ORDER BY句で指定できるキーワード

ORDER BY句で指定できるキーワードは**表4-6**の2種類があります。

● 表4-6　ORDER BY句で指定できるキーワード

キーワード	説明
ASC(アスク)	昇順に並べ替える
DESC(デスク)	降順に並べ替える

● データの種類とソートの順序

表4-6で「昇順」「降順」という言葉が出てきました。**昇順**とは小さいもしくは古いも

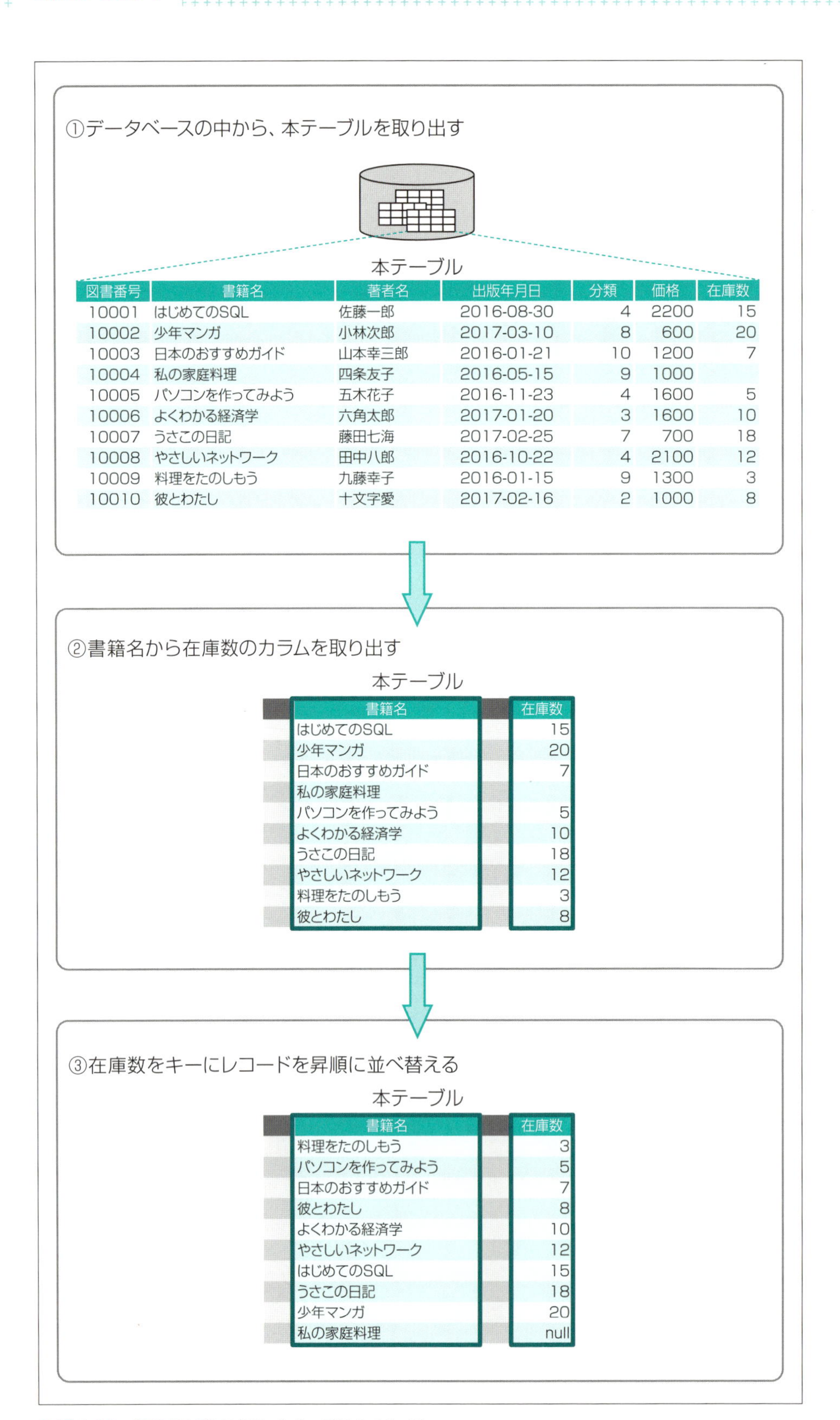

図書番号	書籍名	著者名	出版年月日	分類	価格	在庫数
10001	はじめてのSQL	佐藤一郎	2016-08-30	4	2200	15
10002	少年マンガ	小林次郎	2017-03-10	8	600	20
10003	日本のおすすめガイド	山本幸三郎	2016-01-21	10	1200	7
10004	私の家庭料理	四条友子	2016-05-15	9	1000	
10005	パソコンを作ってみよう	五木花子	2016-11-23	4	1600	5
10006	よくわかる経済学	六角太郎	2017-01-20	3	1600	10
10007	うさこの日記	藤田七海	2017-02-25	7	700	18
10008	やさしいネットワーク	田中八郎	2016-10-22	4	2100	12
10009	料理をたのしもう	九藤幸子	2016-01-15	9	1300	3
10010	彼とわたし	十文字愛	2017-02-16	2	1000	8

書籍名	在庫数
はじめてのSQL	15
少年マンガ	20
日本のおすすめガイド	7
私の家庭料理	
パソコンを作ってみよう	5
よくわかる経済学	10
うさこの日記	18
やさしいネットワーク	12
料理をたのしもう	3
彼とわたし	8

書籍名	在庫数
料理をたのしもう	3
パソコンを作ってみよう	5
日本のおすすめガイド	7
彼とわたし	8
よくわかる経済学	10
やさしいネットワーク	12
はじめてのSQL	15
うさこの日記	18
少年マンガ	20
私の家庭料理	null

● 図4-24　ORDER BY句を使った並べ替えのイメージ

のから、大きいもしくは新しいものの順番で並べ替えることです。逆に大きいもしくは新しいものから、小さいもしくは古いものの順番で並べ替えることを**降順**と言います。

図4-23でもそうでしたが、何も指定しない場合は昇順で並べ替えが行われます。これは数値や文字列、日付において、**表4-7**のように並べ替えられることを意味します。

● **表4-7　各要素における昇順の意味**

要素	説明
数値	数値の小さい値から大きな値に並べ替える
文字列	文字コード順に並べ替える
日付	古い日付から新しい日付の順に並べ替える

4-4-5　DESCキーワードを使って降順に並べ替える

それでは、書籍名(title)と著者名(author)、在庫数(stock)を取り出し、在庫数(stock)を基準として在庫数の多い順番、つまり降順で並べ替えてみましょう(**図4-25**)。

降順で並べ替えを行いたい場合は、「**DESC**」キーワードを使用します。

SQL文

```
SELECT title, author, stock
  FROM books
 ORDER BY stock DESC;
```

実行結果

```
          title          |   author    | stock
-------------------------+-------------+-------
 私の家庭料理            | 四条友子    |
 少年マンガ              | 小林次郎    |    20
 うさこの日記            | 藤田七海    |    18
 はじめてのSQL           | 佐藤一平    |    15
 やさしいネットワーク    | 田中八郎    |    12
 よくわかる経済学        | 六角太郎    |    10
 彼とわたし              | 十文字愛    |     8
 日本のおすすめガイド    | 山本幸三郎  |     7
 パソコンを作ってみよう  | 五木花子    |     5
 料理をたのしもう        | 九藤幸子    |     3
(10 行)
```

● **図4-25　DESCを使って降順に並べ替える**

在庫数の多い順に並べ替わりました。

4-4-6 ASCキーワードを使って昇順に並べ替える

今度は書籍名(title)と著者名(author)、出版年月日(date)を取り出し、出版年月日(date)を基準に、「ASC」キーワードを使って出版された順、つまり昇順で並べ替えてみましょう(図4-26)。

SQL文

```
SELECT title, author, date
  FROM books
 ORDER BY date ASC;
```

実行結果

```
         title           |   author    |    date
-------------------------+-------------+------------
 料理をたのしもう         | 九藤幸子     | 2016-01-15
 日本のおすすめガイド     | 山本幸三郎   | 2016-01-21
 私の家庭料理             | 四条友子     | 2016-05-15
 はじめてのSQL            | 佐藤一平     | 2016-08-30
 やさしいネットワーク     | 田中八郎     | 2016-10-22
 パソコンを作ってみよう   | 五木花子     | 2016-11-23
 よくわかる経済学         | 六角太郎     | 2017-01-20
 彼とわたし               | 十文字愛     | 2017-02-16
 うさこの日記             | 藤田七海     | 2017-02-25
 少年マンガ               | 小林次郎     | 2017-03-10
(10 行)
```

● 図4-26 ASCキーワードを使って降順に並べ替える

出版された順に並べ替わりました。

ただし、昇順に並べ替えを行う場合は「ASC」キーワードを使用しますが、図4-23のように何も指定しない場合は昇順になるため、「ASC」キーワードは省略できます。

COLUMN

並べ替えにおけるNULL値の扱い

NULL値が含まれるデータを並べ替える際、NULL値は一番最初か最後にまとめて表示されます。実は、NULL値が一番最初に表示されるか、最後に表示されるかはDBMSの種類によって異なります。

PostgreSQLの場合、NULL値はそれ以外の値よりも大きいと判断されるため、**NULL値が含まれるデータを昇順で並べ替える場合、NULL値は一番最後に表示**されます。

4-4-7 複数のカラムを指定して並べ替える

並べ替えを行った際、まったく同じ値がいくつも並ぶことがあります。そのような場合は、並べ替えの基準となる別のカラムを追加して設定することができます。

複数のカラムを指定して並べ替えを行う場合は、ORDER BY句の中でカラム名とカラム名の間に「**,(カンマ)**」を入力し、複数のカラム名を記述します（**図4-27**）。

SQL文

```
SELECT title, author, cat_id, date
  FROM books
 ORDER BY cat_id, date DESC;
```

実行結果

```
         title          |   author    | cat_id |    date
------------------------+-------------+--------+------------
 彼とわたし             | 十文字愛    |      2 | 2017-02-16
 よくわかる経済学       | 六角太郎    |      3 | 2017-01-20
 パソコンを作ってみよう | 五木花子    |      4 | 2016-11-23
 やさしいネットワーク   | 田中八郎    |      4 | 2016-10-22
 はじめてのSQL          | 佐藤一平    |      4 | 2016-08-30
 うさこの日記           | 藤田七海    |      7 | 2017-02-25
 少年マンガ             | 小林次郎    |      8 | 2017-03-10
 私の家庭料理           | 四条友子    |      9 | 2016-05-15
 料理をたのしもう       | 九藤幸子    |      9 | 2016-01-15
 日本のおすすめガイド   | 山本幸三郎  |     10 | 2016-01-21
(10 行)
```

● **図4-27 select_並べ替え_複数の実行結果**

ORDER BY句にカラム名を複数記述した場合、最初に書いたものから適用されます。図4-27では、まず分類番号（cat_id）の昇順に並べ替えが行われます。もし分類番号（cat_id）が同じレコードがあった場合は、次に出版年月日（date）の降順で並べ替えが行われます。

図4-27では2つのカラムを指定していますが、3つ以上のカラムを指定することも可能です。

要点整理

✔ **SELECT文**

データベースに問い合わせを行い、データを取り出す操作を行う場合に使用する。

✔ **AS句**

SELECT句で指定するカラムに名前を付けて抽出する場合に使用する。

✔ **DISTINCT句**

重複行を除いてレコードを抽出する場合に使用する。

✔ **WHERE句**

検索条件を指定してレコードを絞り込む場合に使用する。

✔ **比較演算子**

「=」や「<>」などの種類があり両辺の値を比較する。

✔ **LIKE演算子**

比較演算子の1つで、ワイルドカード（%や_）を使用して文字パターンと部分的に一致する値を抽出する。

✔ **論理演算子**

「AND」「OR」「NOT」などの種類があり、さまざまな条件を指定できる。

✔ **ORDER BY句**

取り出したレコードを指定したカラムを基準にして並べ替える場合に使用する。

練習問題

問題1　「t_order」テーブルから、すべてのカラムのすべてのレコードを取り出すSELECT文を作成してください。

問題2　「t_order」テーブルに対し、あるSQLを実行した結果、次のようなデータが抽出されました。実行したSELECT文はどれでしょうか。1つ選択してください。

```
  注文番号 | 金額
----------+------
        1 | 3600
        2 | 2400
        3 | 5400
        4 | 5000
        5 | 3000
```

①SELECT order_no AS 注文番号, AMOUNT AS 金額 FROM t_order;
②SELECT 注文番号, 金額 FROM t_order;
③SELECT order_no AS 注文番号, AMOUNT AS 金額 WHERE t_order;

問題3　次のような結果が得られるように、「t_order」テーブルの「quantity」に「10」をプラスした値を抽出してください。検索条件は、「quantity」に「10」をプラスした値が「40以上」のレコードとします。

```
 order_no | quantityにプラス10
----------+--------------------
        1 |                 40
        3 |                 55
```

練習問題

問題4　次のデータは、「t_item」テーブルからすべてのカラムのすべてのレコードを抽出した結果です。

実行結果

```
item_no | item_name | price
---------+-----------+-------
    1001 |     ミカン | 120
    1002 |     リンゴ |  90
    1003 |     バナナ | 120
    1004 |     メロン | 500
```

「item_name」に「ン」が含まれるレコードの全カラムを抽出するSELECT文を実行しました。【a】に指定する文字列はどれでしょうか。1つ選択してください。

SQL文

```
SELECT *
  FROM t_item
 WHERE item_name like '【a】';
```

①%ン
②ン%
③%ン%
④ン

問題5　「t_order」テーブルに並べ替えを行ってレコードを抽出しました。どのようなSQL文を実行して並べ替えを行ったでしょうか。正しいSQL文を2つ選択してください。

```
order_no | item_no | quantity | amount | delivery_date
----------+---------+----------+--------+---------------
        3 |    1001 |       45 |   5400 |
        5 |    1001 |       25 |   3000 | 2017-05-08
        1 |    1001 |       30 |   3600 | 2017-04-25
        2 |    1003 |       20 |   2400 | 2017-04-19
        4 |    1004 |       10 |   5000 | 2017-04-30
```

①SELECT * FROM t_order ORDER BY item_no, delivery_date DESC;
②SELECT * FROM t_order ORDER BY delivery_date DESC, item_no ASC;
③SELECT * FROM t_order ORDER BY delivery_date DESC, item_no;
④SELECT * FROM t_order ORDER BY item_no ASC, delivery_date DESC;

CHAPTER

5

データの集約やグループ化を行ってみよう

Chapter4では、データベースにあるデータの検索や検索時のデータの並べ替えなどについて学びました。本Chapterでは、関数を使用して取り出したデータを集計したり、表示形式を変更したり、データをグループ化する方法について学んでいきましょう。

5-1 取り出したデータを集約しよう

ここでは「関数」を用いることによって、SELECT文で取り出したレコードの結果をまとめていきます。まとめるとはどういうことなのか、詳しく見ていきましょう。

5-1-1 集約関数とは

「**関数**」というと、数学などで出てくる数式のようなものを思い浮かべると思います。例えば、Excelでは複数の値の合計値を計算する「SUM（サム）関数」、複数の値の平均値を計算する「AVERAGE（アベレージ）関数」などがあります。

SQLでも計算を行うための「**集約関数**」が用意されています。計算を行うことで、SELECT文で取り出した結果をまとめることができます。

● 主な集約関数

主な集約関数は**表5-1**に挙げた5つです。

● 表5-1　主な集約関数

関数名	説明
AVG（アベレージ）	カラムの平均値を計算する（NULL値は無視する）
COUNT（カウント）	カラムがNULL（空白）でないレコード数を計算する カラム名に「*」を指定すると、NULL値を含めてテーブルの全レコード数を計算する COUNT(DISTINCT カラム名)で重複値を排除したレコードを計算する
MAX（マックス）	カラムの最大値を計算する
MIN（ミン）	カラムの最小値を計算する
SUM（サム）	カラムの合計値を計算する

集約関数ではレコードのグループ単位で計算を行い、1つの結果を返します。

5-1-2 カラムの合計値を計算する

それでは、表5-1にあるSUM関数とCOUNT関数を実際に使って、どのような実行結果になるのか見ていきましょう。

ここでは、SUM関数を使って本（books）テーブルの在庫数（stock）の合計を抽出してみましょう（**図5-1**）。

SQL文

```
SELECT SUM(stock)
  FROM books;
```

実行結果

```
 sum
-----
  98
(1 行)
```

● 図5-1　カラムの合計値を計算する

これで全レコードの在庫数(stock)の合計が求めることができました。

図5-1のSQL文では、FROM句でテータベースの中から本(books)テーブルのデータを取り出し(**図5-2**①)、SELECT句では特定のカラムを指定して抽出しました。抽出したカラムをSUM関数を使って計算を行い、演算結果を取り出しています(図5-2②)。

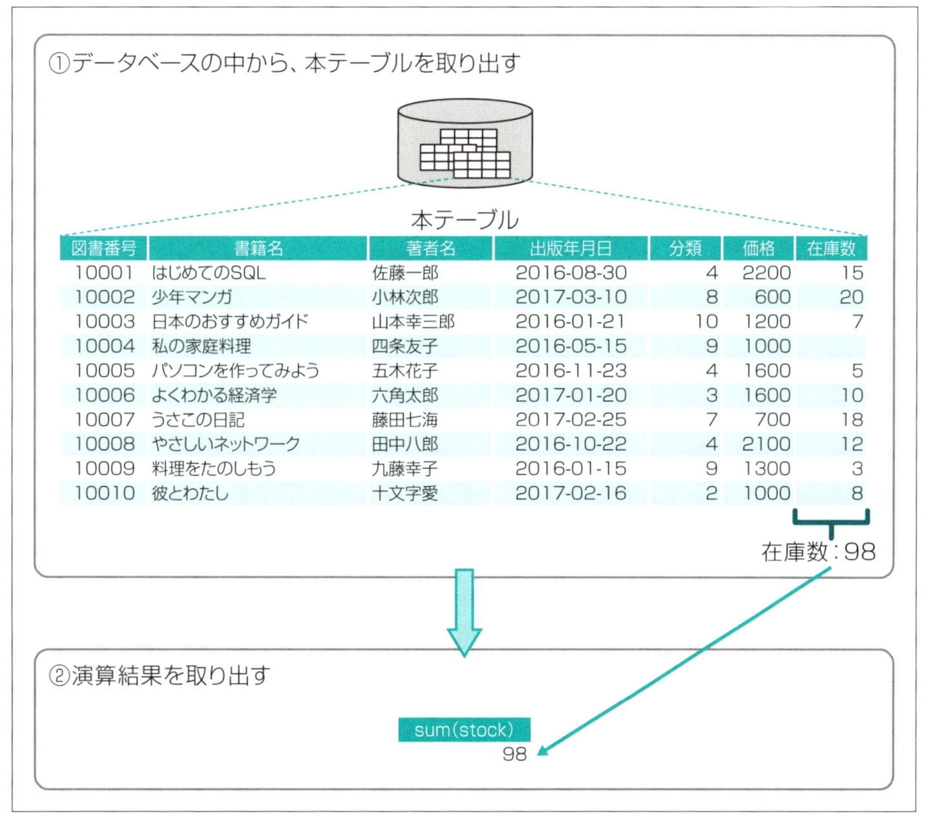

図書番号	書籍名	著者名	出版年月日	分類	価格	在庫数
10001	はじめてのSQL	佐藤一郎	2016-08-30	4	2200	15
10002	少年マンガ	小林次郎	2017-03-10	8	600	20
10003	日本のおすすめガイド	山本幸三郎	2016-01-21	10	1200	7
10004	私の家庭料理	四条友子	2016-05-15	9	1000	
10005	パソコンを作ってみよう	五木花子	2016-11-23	4	1600	5
10006	よくわかる経済学	六角太郎	2017-01-20	3	1600	10
10007	うさこの日記	藤田七海	2017-02-25	7	700	18
10008	やさしいネットワーク	田中八郎	2016-10-22	4	2100	12
10009	料理をたのしもう	九藤幸子	2016-01-15	9	1300	3
10010	彼とわたし	十文字愛	2017-02-16	2	1000	8

● 図5-2　図5-1のSQL文のイメージ

また、図5-1の結果を確認すると、カラム名が「SUM」と集約関数名がそのまま名前に表示されています。このままでは集計結果として何を合計したものなのか、わかりづらくなります。

このようなときこそ、カラムに別名を付けて(注1)他の人が見ても何を集計したものなのかわかるように表示させましょう（図5-3）。

SQL文

```
SELECT SUM(stock) AS 在庫数合計
  FROM books;
```

実行結果

```
 在庫数合計
------------
          98
(1 行)
```

● 図5-3　カラムの合計値を計算し、カラム名に別名を付けて表示する

5-1-3 レコード数を計算する

次は、COUNT関数を使って本（books）テーブルの全レコード数を抽出してみましょう（図5-4）。

SQL文

```
SELECT COUNT(*) AS レコード数
  FROM books;
```

実行結果

```
 レコード数
------------
          10
(1 行)
```

● 図5-4　レコード数を計算する

図5-4を実行した結果、本（books）テーブルのレコード数は「10件」であることがわかりました。

ここでSELECT句の内容について確認してみましょう。COUNT関数では「*」が指定されています。この「*」は何を表しているのでしょうか？

4-1-3でSELECT文を学習した際、SELECT句でテーブルの全カラム名を指定する代わりに「*」を使用したことを思い出してください。COUNT関数でも「()」の中に「*」

（注1）　カラム名に別名を付ける方法については、4-1-5を参照してください。

を指定することによって、**全カラムを指定していることと同じ**ことになります。つまり、テーブル全体のレコード数を数えることができるのです。

5-1-4 カラム名を指定してレコード数を計算する

今度は、COUNT関数に特定のカラム名を指定して、レコード数を抽出してみましょう。結果が表示される際にどんな内容かわかるように、ASキーワードを使用しています（**図5-5**）。

SQL文

```
SELECT COUNT(book_id) AS 図書番号の件数, COUNT(stock)AS 在庫数の件数
  FROM books;
```

実行結果

```
 図書番号の件数    |  在庫数の件数
----------------+--------------
             10 |            9
(1 行)
```

● **図5-5　カラム名を指定してレコード数を計算する**

図5-5では、COUNT関数に図書番号（book_id）と在庫数（stock）を指定しています。COUNT関数にそれぞれ1つずつカラムを指定して「,」でつなげると、複数のカラムを指定することが可能です。

また、図書番号（book_id）と在庫数（stock）の件数の結果から、それぞれの数が異なることがわかります。

どうしてこのようになっているのでしょうか。SELECT文を実行して、図書番号（book_id）と在庫数（stock）のデータを確認してみましょう（**図5-6**）。

SQL文

```
SELECT book_id AS 図書番号, stock AS 在庫数
  FROM books;
```

実行結果

```
 図書番号 | 在庫数
----------+--------
    10001 |     15
    10002 |     20
    10003 |      7
    10004 |
    10005 |      5
    10006 |     10
    10007 |     18
    10008 |     12
    10009 |      3
    10010 |      8
(10 行)
```

● 図5-6　図書番号と在庫数のデータを確認する

図5-6を見ると、図書番号(book_id)にはすべて値が入力されていますが、在庫数(stock)にはNULL値が1つ含まれています。これによって、図書番号(book_id)は10件、在庫数(stock)は9件という件数になったことがわかりました。つまり、COUNT関数は**セルに値が格納されている数だけを数える**ことができるのです。

また、SUM関数とCOUNT関数の両方を使って在庫数(stock)を計算しましたが、結果の数値はまったく異っています。つまり、同じカラムであっても、使用する関数が違えば結果は異なるのです。

例えば、SUM関数は**セルに格納されたすべての数値の合計を計算する関数**、COUNT関数は**値が格納されているセルが何件あるかを計算する関数**というように、関数によって用途が異なることを理解しておいてください。

5-2 取り出したデータのデータ型を変換しよう

テーブルに格納されたデータにもさまざまな種類があります。ここでは、データベースから取り出したデータを、格納時のデータ形式から異なるデータ形式に変更する変換関数について学んでいきましょう。

5-2-1 変換関数とは

本書で使用する本（books）テーブルには、7つのカラムが存在していました(注2)。それぞれのカラムは異なったデータ形式でデータベースに格納されています。例えば、図書番号（book_id）は**数値**、書籍名（title）は**文字列**、出版年月日（date）は**日付**という具合です。これらのデータ形式を**データ型**(注3)と言います。また、このデータ型の変換を行う際に使用する関数を**変換関数**と言います。

主な変換関数

主な変換関数には、**表**5-2にある4つがあります(注4)。

● 表5-2 主な変換関数

関数	説明
TO_CHAR(数値 [, 書式])	数値を文字列に変換する
TO_CHAR(日付 [, 書式])	日付を文字列に変換する
TO_NUMBER(文字列 [, 書式])	文字列を数値に変換する
TO_DATE(文字列 [, 書式])	文字列を日付に変換する

変換関数を使用する際に注意しなければならない点は**書式**です。

例えば、文字列のデータを数値（TO_NUMBER）や日付（TO_DATE）に変換する場合、どのような表示形式に変換するのかを、書式で指定する必要があります。

次に数値における書式と、日付における書式について見ていきましょう。

(注2)　テーブル全体のデータ内容は、4-1-3を参照してください。

(注3)　データ型の詳細については、Appendixを参照してください。

(注4)　PostgeSQLとOracleのみで使用できます。標準SQL対応の変換関数は次ページのコラムを参照してください。

主な数値書式

文字列を数値に変換する際に指定する書式は**表5-3**の通りです。

● **表5-3　主な数値書式**

要素	説明
9	9の数が有効な桁数を表す（ex.99999→12345）
0	桁数に満たない場合、先頭に0を付けた数値を表す（099999→012345）
$	"$記号を数値の前につけて表す（ex.$99999→$12345）
L	ローカル通貨記号を数値の前に付けて表す（L99999→¥12345）
,	指定した位置に桁区切りのカンマをつけて表す（99,999→12,345）

主な日付書式

文字列を日付に変換する際に指定する書式は**表5-4**の通りです。

● **表5-4　主な日付書式**

要素	説明
YYYY	年を4桁で表す
YY	年を下2桁で表す
MM	月を2桁で表す
MONTH	月（1月～12月）を表す （英語の場合、空白が埋め込まれた9文字の長さの月の名前、ex.MAY△△△△△△）
MON	月の名前（英語の場合、3文字の省略形）
DD	日（01～31日）を表す
DAY	曜日を表す （英語の場合、空白が埋め込まれた9文字の長さの曜日、ex.TUESDAY△△）
HH	時間（0～23）を表す
MI	分（00～59）を表す
SS	秒（00～59）を表す

COLUMN

CAST関数とは

表5-2に挙げた関数はPostgreSQLとOracleのみ使用できる関数でしたが、標準SQLでデータ型を変換する場合はCAST関数を使用します。

```
CAST(変換する値 AS 変換する型)
```

CAST関数では、通常の関数とは異なり、「**AS**」によって「変換する値」と「変換する型」を区切ります。変換後に指定するのは**データ型のみ**なので、書式を指定する必要はありません。

5-2-2 TO_CHAR関数を使って日付の表示形式を変換する

それでは、実際に変換関数を使って日付の表示形式の変換と、価格の表示形式の変換の実行例を見ていきましょう。**図5-7**では、出版年月日(date)を「YYYY年MM月DD日」の表示形式で表示しています。

SQL文

```
SELECT title AS 書籍名, TO_CHAR(date, 'YYYY年MM月DD日') AS 出版年月日
  FROM books;
```

実行結果

```
          書籍名           |    出版年月日
-------------------------+----------------
 はじめてのSQL            | 2016年08月30日
 少年マンガ               | 2017年03月10日
 日本のおすすめガイド      | 2016年01月21日
 私の家庭料理             | 2016年05月15日
 パソコンを作ってみよう    | 2016年11月23日
 よくわかる経済学          | 2017年01月20日
 うさこの日記             | 2017年02月25日
 やさしいネットワーク      | 2016年10月22日
 料理をたのしもう          | 2016年01月15日
 彼とわたし               | 2017年02月16日
(10 行)
```

● 図5-7　TO_CHAR関数を使って日付の表示形式を変換する

本(books)テーブルの出版年月日(date)のデータ型は日付型です。日付型は「YYYY-MM-DD」(YYYYは西暦、MMは月、DDは日)がデフォルトの表示形式になっています。これ以外の表示形式にしたい場合は、TO_CHAR関数を使って日付を文字列に変換する必要があります。

5-2-3 TO_CHAR関数を使って価格の表示形式を変換する

次に価格の表示形式を変換してみましょう（図5-8）。

SQL文

```
SELECT title AS 書籍名, TO_CHAR(price, 'L9,999') AS 価格
  FROM books;
```

実行結果

```
          書籍名           | 価格
-----------------------+---------
 はじめてのSQL            | ¥ 2,200
 少年マンガ               | ¥   600
 日本のおすすめガイド     | ¥ 1,200
 私の家庭料理             | ¥ 1,000
 パソコンを作ってみよう   | ¥ 1,600
 よくわかる経済学         | ¥ 1,600
 うさこの日記             | ¥   700
 やさしいネットワーク     | ¥ 2,100
 料理をたのしもう         | ¥ 1,300
 彼とわたし               | ¥ 1,000
(10 行)
```

● 図5-8 TO_CHAR関数を使って価格の表示形式を変換する

書籍の価格（price）のデータ型は数値型です。価格の先頭に日本の通貨を表す「¥」を付け、また、価格を千円単位で区切るため、書式を「L9,999」と設定し、文字列に変換します。

この「L」はローカルの「L」を表し、**ロケール**情報の通貨記号を表示します。ロケールとは、どの国のどの言語か、また文字コード体系や通貨記号などの情報を設定するものです。

3-1-3でPostgreSQLのインストールを行った際、手順⑦でロケールとして「Japanese,Japan」を設定しました。これによってデフォルトでは、日本における通貨記号が表示されることになります。

また、書式では数値の桁数を「9」で表します。最大の桁数は4桁になりますので、先ほどのロケール記号「L」のあとに、価格などで3桁ごとに入れる「,（カンマ）」も入れるようにすると、書式が「L9,999」となります。

このように、日付や数値のデータを変換して、表示形式を変えられることがわかりました。ここで1つ注意しておきたいのは、ここで行った変換は、あくまで**データを取り出して表示させるときだけに限られる**ということです。つまり、テーブル内のデータ自体を書き換えているわけではありません。

5-3 取り出したデータをグループ化しよう

ここでは、データベースから取り出したデータをグループ化する方法について学習していきます。

5-3-1 グループ化とは

グループ化とは、**1つのテーブル内にあるレコードを複数のグループごとに分割する**ことです。

本書で使用している本(books)テーブルでは、各レコードは書籍の情報になります。書籍と言っても、さまざまなジャンルがあります。例えば、マンガであったり、ビジネス書であったりです。また、1冊あたりの価格もさまざまです。1冊1,000円の本もあれば、1冊1,600円の本もあります。

グループ化では、さまざまな属性の中からグループとしてまとめるための基準を設定します。例えば、データベースのレコードの中から、「マンガというグループでまとめてみよう」、「1冊1,600円の本のグループでまとめてみよう」など、同じ基準にあたるものをグループとしてまとめることを行います(図5-9)。

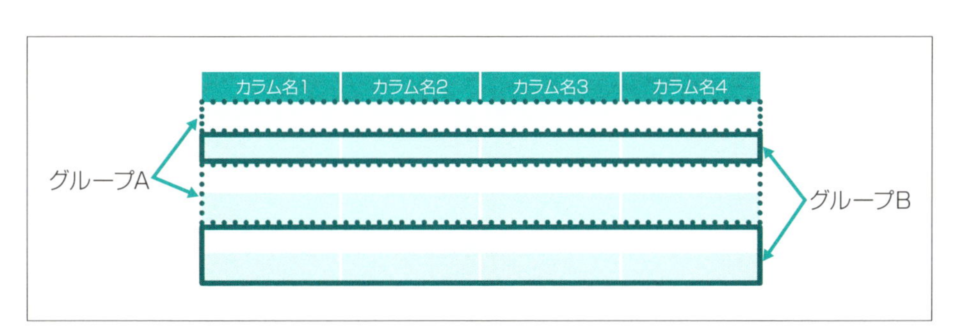

● 図5-9　グループ化のイメージ

取り出したデータをグループ化するには、**GROUP BY(グループバイ)句**を使用します。

5-3-2 GROUP BY句の基本構文を確認する

GROUP BY句の基本構文は以下の通りです。

```
  SELECT 取得したいカラム名
    FROM 対象とするテーブル名
 (WHERE 取得したいレコードの条件)
  GROUP BY グループ化したいカラム名;
```

GROUP BY句には、どのカラムの値を基準にグループ化を行うか、そのカラム名を指定します。また、GROUP BY句を記述する順番は**必ずWHERE句の後である必要があります**ので、注意しましょう。

5-3-3 GROUP BY句を使ってグループ化を行う

それでは、実際に分類番号(cat_id)を基準にグループ化を行って、分類番号(cat_id)ごとの在庫数(stock)合計を表示してみましょう(**図5-10**)。

SQL文

```
SELECT cat_id AS 分類番号, SUM(stock)AS 在庫数合計
  FROM books
 GROUP BY cat_id;
```

実行結果

```
  分類番号  |  在庫数合計
----------+------------
        8 |          20
        4 |          32
        3 |          10
       10 |           7
        9 |           3
        2 |           8
        7 |          18
(7 行)
```

● 図5-10　GROUP BY句を使ってグループ化して計算を実行する

図5-10のSQL文では、FROM句でテータベースの中から本(books)テーブルのデータを取り出し(**図5-11**①)、GROUP BY句で分類番号(cat_id)を基準にグループ化を行っています(図5-11②)。

そしてSELECT句で分類番号(cat_id)ごとに在庫数合計(stock)をSUM関数で計算し、カラムに別名を付けて表示しています(図5-11③)。

これで分類番号(cat_id)ごとの在庫数(stock)合計を求めることができました。

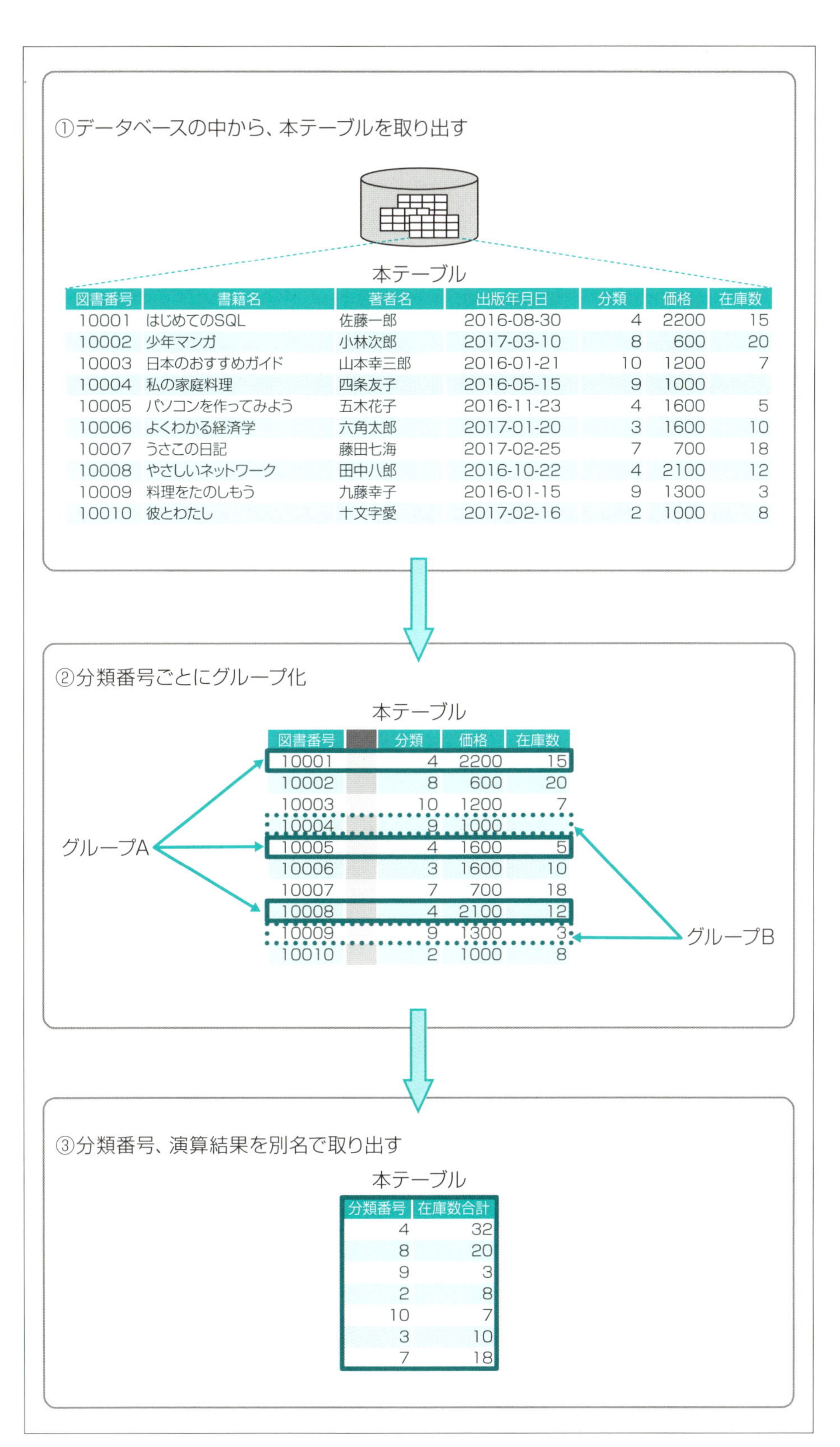

● 図5-11　図5-10のSQL文のイメージ

5-3-4 SELECT句の指定は要注意

GROUP BY句を使用する場合、SELECT句で指定できる要素は以下に挙げるものに限られますので、注意してください。

- GROUP BY句で指定したカラム名
- 集約関数

例えば、図5-10のSELECT文の場合、SELECT句の中で指定できるカラム名は、GROUP BY句で指定した「cat_id」のみです。また、カラム名以外でも集約関数(注5)であるSUM関数を使用しています。

(注5)　集約関数については、5-1-1を参照してください。

5-4 グループ化した結果に条件を指定して絞り込もう

5-3では、データを取り出す際にグループ化を指定しました。本項では、このときにさらに条件を指定して、結果を絞り込む方法について説明します。

5-4-1 HAVING句とは

4-2では、条件を与えて抽出するレコードを絞り込む場合はWHERE句を使用すると説明しました。このWHERE句はレコードに対して条件を設定できますが、グループ化したグループに対して条件を設定できません。

そこで、グループ化されて抽出されたレコードに対して条件を設定して絞り込むには、**HAVING(ハビング)句**を使用します。

5-4-2 HAVING句の基本構文を確認する

HAVING句の基本構文は以下の通りです。

```
SELECT 取得したいカラム名
  FROM 対象とするテーブル名
(WHERE 取得したいレコードの条件)
 GROUP BY グループ化したいカラム名
HAVING 取得したいグループの条件;
```

HAVING句には、取得したいグループの条件として、**集約関数を条件に含める**ことができます(注6)。

また**HAVING句は、GROUP BY句の後ろに置く**必要がありますので、注意してください。

(注6) WHERE句の条件に、集約関数は含めることができません。

5-4-3 グループ化した結果に条件を指定して絞り込む

図5-10のSQL文と同様に、分類番号(cat_id)ごとに在庫数(stock)を求めてから、HAVING句を使って在庫数合計(stock)が「10冊以上」のグループだけを抽出してみましょう(**図5-12**)。

SQL文

```
SELECT cat_id AS 分類番号, SUM(stock)AS 在庫数合計
  FROM books
 GROUP BY cat_id
HAVING SUM(stock)>= 10;
```

実行結果

```
  分類番号 | 在庫数合計
----------+------------
        8 |         20
        4 |         32
        3 |         10
        7 |         18
(4 行)
```

● **図5-12　HAVING句を使ってグループ化した結果に条件を指定して絞り込む**

図5-12のSQL文では、FROM句でテータベースの中から本(books)テーブルのデータを取り出し(**図5-13①**)、GROUP BY句で分類番号(cat_id)を基準にグループ化を行い(図5-13②)、SELECT句で分類番号(cat_id)ごとに在庫数合計(stock)をSUM関数で計算し、カラムに別名を付けて表示する(図5-13③)ところまでは、図5-10のSQL文と同じです。

図5-12のSQL文ではさらに、その結果からHAVING句で在庫数(stock)が「10冊以上」のグループのみを抽出していることがわかります(図5-13④)。

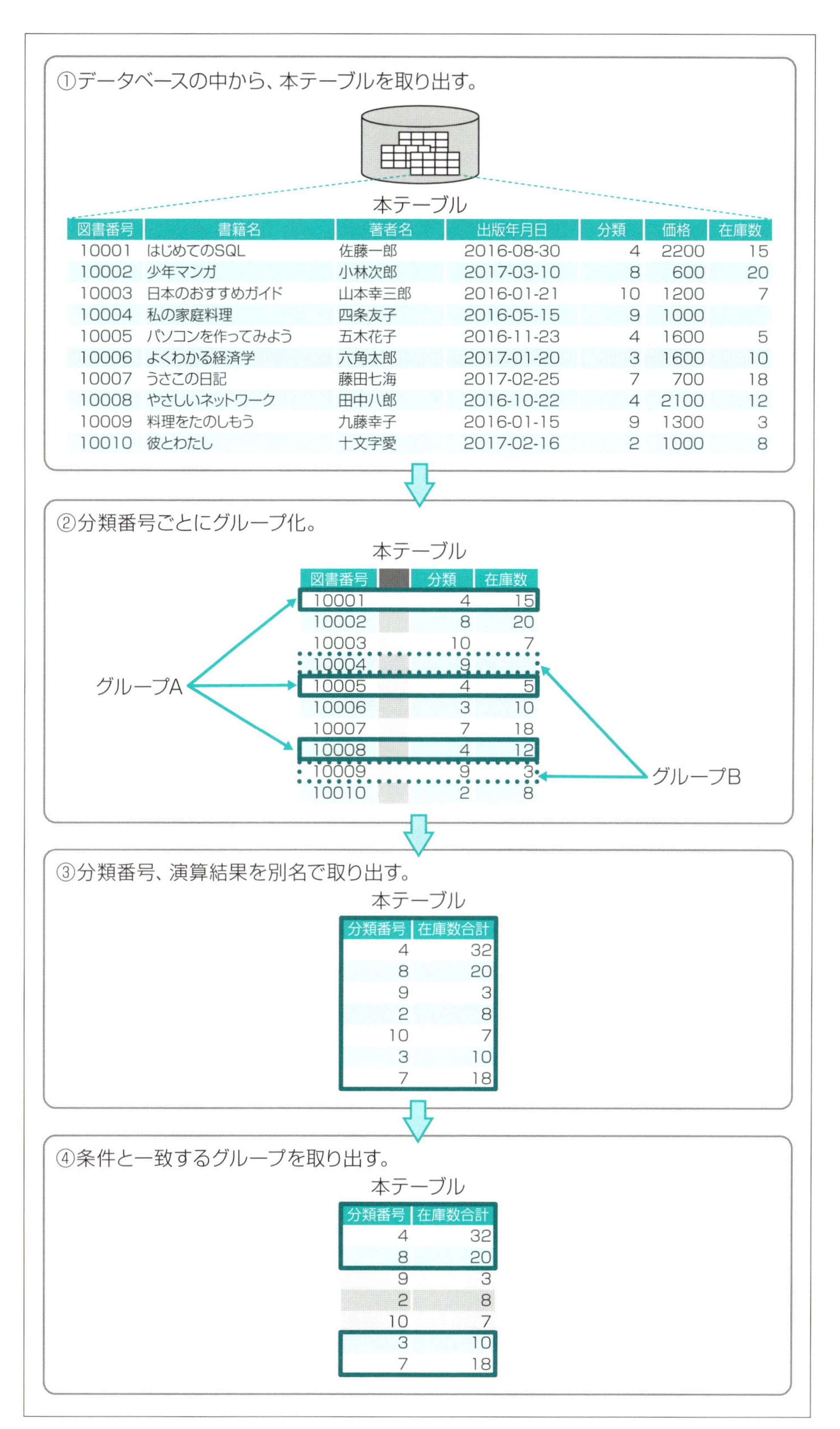

図書番号	書籍名	著者名	出版年月日	分類	価格	在庫数
10001	はじめてのSQL	佐藤一郎	2016-08-30	4	2200	15
10002	少年マンガ	小林次郎	2017-03-10	8	600	20
10003	日本のおすすめガイド	山本幸三郎	2016-01-21	10	1200	7
10004	私の家庭料理	四条友子	2016-05-15	9	1000	
10005	パソコンを作ってみよう	五木花子	2016-11-23	4	1600	5
10006	よくわかる経済学	六角太郎	2017-01-20	3	1600	10
10007	うさこの日記	藤田七海	2017-02-25	7	700	18
10008	やさしいネットワーク	田中八郎	2016-10-22	4	2100	12
10009	料理をたのしもう	九藤幸子	2016-01-15	9	1300	3
10010	彼とわたし	十文字愛	2017-02-16	2	1000	8

図書番号		分類	在庫数
10001		4	15
10002		8	20
10003		10	7
10004		9	
10005		4	5
10006		3	10
10007		7	18
10008		4	12
10009		9	3
10010		2	8

分類番号	在庫数合計
4	32
8	20
9	3
2	8
10	7
3	10
7	18

分類番号	在庫数合計
4	32
8	20
9	3
2	8
10	7
3	10
7	18

● **図5-13　図5-12のSQL文のイメージ**

5-4-4 HAVING句の指定は要注意

条件を指定して絞り込むという点では、WHERE句とHAVING句は似たような使い方ですが、それぞれの違いが図5-11と図5-13で理解できたと思います(注7)。

ここで覚えてほしいことは、**WHERE句はSELECT句に対する絞り込み条件を設定する際に使われ、HAVING句はGROUP BY句に対する絞り込み条件を設定する際に使われる**ということです。

また、WHERE句の検索条件はグループ化前に適用されるのに対し、HAVING句の検索条件はグループ化後に適用されるという違いがあります。これを考慮したうえでHAVING句を使用する必要がありますが、抽出する条件によっては、WHERE句とHAVING句の両方を使って絞り込むことも可能です。

WHERE句もHAVING句も、一般的なSQL文ではたくさん出てくる表現です。この違いをきちんと理解するには、SQL文に書き慣れていく必要がありますので、ここでは以下の違いだけは必ず理解しておいてください。

・GROUP BY句でグループ化前にデータを抽出するのがWHERE句
・GROUP BY句でグループ化後にデータを抽出するのがHAVING句

要点整理

✔ **集約関数**

SUM関数(合計)やAVERAGE(平均)などの集約関数を用いて、取り出したレコードを集計する。

✔ **変換関数**

TO_CHAR(数値や日付を文字列に変換)、TO_DATE(文字列を日付に変換)などの変換関数を用いて、データ型を変換して表示させる。

✔ **GROUP BY句**

取り出したデータをレコード単位でグループ化する。集約関数と組み合わせ、SELECT 句に指定したカラムごとの集計を行う。

✔ **HAVING句**

GROUP BY句でグループ化を行ったレコードに対して、条件を設定する。HAVING 句の条件には集約関数を含めることができる。

TIPS (注7) HAVING句に集約関数を含めることができますが、WHERE句に含めることができないという違いもあります。

練習問題

問題1 次のSQL文のうち、「t_order」テーブルの「amount」の平均値を求めることができるのはどれでしょうか。1つ選択してください。

①SELECT MAX(amount) FROM t_order;
②SELECT AVG(amount) FROM t_order;
③SELECT SUM(amount) FROM t_order;
④SELECT MIN(amount) FROM t_order;

問題2 次のような結果が得られるように、「t_order」テーブルの「amount」の最大値を抽出するSELECT文を作成してください。

```
 amountの最大値
----------------
           5400
```

問題3 次のような結果が得られるように、「t_item」テーブルの「price」の最小値を抽出するSELECT文を作成してください。

```
 priceの最小値
---------------
            90
```

問題4 次のデータは、「t_order」テーブルからすべてのカラムのすべてのレコードを抽出した結果です。

```
 order_no | item_no | quantity | amount | delivery_date
----------+---------+----------+--------+---------------
        1 |    1001 |       30 |   3600 | 2017-04-25
        2 |    1003 |       20 |   2400 | 2017-04-19
        3 |    1001 |       45 |   5400 |
        4 |    1004 |       10 |   5000 | 2017-04-30
        5 |    1001 |       25 |   3000 | 2017-05-08
```

この「t_order」テーブルに以下のSQL文を実行すると、どのような結果が得られるでしょうか。

```
SELECT COUNT(DISTINCT item_no) FROM t_order;
```

練習問題

問題5 次のような結果が得られるように、「t_order」テーブルの「order_no」と「delivery_date」を抽出してください。検索条件としては、「delivery_date」がNULL以外のレコードとします。また、「delivery_date」は「04/25」のように、月日だけを「/（スラッシュ）」で区切って表示させてください。

```
 注文番号   | 納期
----------+-------
        1 | 04/25
        2 | 04/19
        4 | 04/30
        5 | 05/08
```

問題6 次のような結果が得られるように、「t_order」テーブルの「item_no」ごとに、「amount」の合計を抽出するSELECT文を作成してください。

```
 商品番号   | 合計金額
----------+----------
     1004 |      5000
     1001 |     12000
     1003 |      2400
```

問題7 「t_order」テーブルの「item_no」ごとに、レコード数を抽出してください。

問題8 「t_order」テーブルの「item_no」ごとに、「quantity」の合計を抽出し、その値が50以下になるSELECT文を実行しましたが、エラーになってしまいました。エラーの原因を考え、正しいSELECT文に修正してください。

● エラーになったSELECT文

```
SELECT item_no AS 商品番号, SUM(quantity) AS 数量の合計
  FROM t_order
 WHERE SUM(quantity) <= 50;
 GROUP BY item_no
```

CHAPTER

6

データの追加・更新・削除を行ってみよう

Chapter5までは、データを参照するためのSQL（参照系SQL）として、SELECT文を学習しました。本Chapterからは、テーブル内のデータを更新するための更新系SQLを学習していきます。

6-1 テーブルにデータを追加しよう —— INSERT

ここでは、データの追加・更新・削除を行うためのSQL(更新系SQL)の1つである、INSERT(インサート)文を学習していきましょう。

6-1-1 INSERT文とは

「INSERT」とは日本語で「挿入する」、つまり「すでに存在するものに何かをはさみこむ、追加する」という意味です(注1)。

Chapter4とChapter5で学習したSELECT文は、すでにテーブルに存在するデータの中から目的のデータを検索して取り出す際に使用しました。取り出すと言っても、テーブルの内容に手を入れるわけではないため、何度SELECT文を実行してもテーブルの内容自体に変わりはありません。

一方、**INSERT文**は、テーブルにデータを新たに追加する場合に使用します(図6-1)。テーブルに新たなデータを追加することになるため、SELECT文とは異なり、テーブルの内容に変化があります。

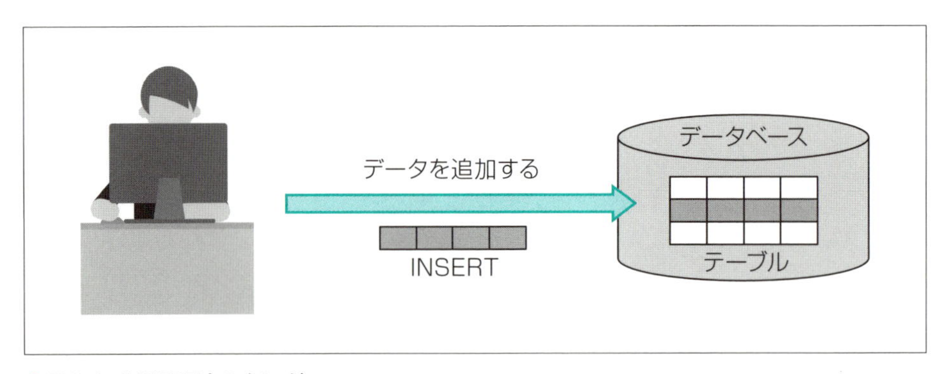

● 図6-1　INSERT文のイメージ

6-1-2 INSERT文の基本構文を確認する

INSERT文の基本構文は以下の通りです。

(注1)　大辞林 第三版(松村明 編集/2006年/三省堂)では、「間にさし入れること。はさみこむこと。」とあります。

```
INSERT INTO 対象とするテーブル名
(カラム名1,カラム名2,……)
VALUES (値1,値2,……);
```

INSERT文で一度に追加できるレコードは原則として1件です。複数件のレコードを追加したい場合は、複数のINSERT文を記述する必要があります(注2)。

INTO(イントゥー)句には、対象とするテーブル名を記述します。その後ろにテーブル内のカラム名(列名リスト)を指定します。

VALUES(バリューズ)句には、カラムに対応した値(値リスト)を指定します。

このINSERT文の記述方法には、図6-2(後述)のように**カラム名を指定する方法**と、図6-4(後述)のように**カラム名を省略する方法**の2通りがあります。図6-2と図6-4の2つのSQL文は同じことを実行していますが、それぞれ実行する際に注意点があります。

6-1-3 カラム名を指定してデータを追加する

ここからINSERT文を使って、実際にデータを追加していきましょう。これまで使用してきた本(books)テーブルに、**表6-1**にある2件のレコードを追加していきます。

● **表6-1　本(books)テーブルに追加するレコード(2件分)**

book_id	title	author	date	cat_id	price	stock
10011	世界一周	鈴木十一郎	2017-04-30	10	2500	10
10012	合格のすすめ	高橋十二郎	2017-05-15	6	1500	3

まず、カラム名を指定するパターンでデータを追加します。ここでは、表6-1のうちカラム名を指定して、図書番号(book_id)が「10011」のレコードを追加してみましょう(**図6-2**)。

SQL文

```
INSERT INTO books
(book_id, title, author, date, cat_id, price, stock)
VALUES(10011,'世界一周','鈴木十一郎','20170430',10,2500,10);
```

実行結果

```
INSERT 0 1
```

● **図6-2　カラム名を指定してデータを追加する**

(注2)　RDBMSの種類とバージョンによっては、1回のINSERT文で複数行のレコードを追加することができます。

6-1-2の基本構文を確認すると、カラム名（列名リスト）は対象テーブル名（ここではbooksテーブル）の後ろで指定することになっていました。表6-1のレコードにはカラム名は7つありますので、それぞれのカラムを「,（カンマ）」区切りで記述します。

VALUES句には値を記述していきます。ここで注意してほしいのは、**列名リストと値リストの記述順が一致していなければならない**ということです。つまり、最初に記述する値は、最初に記述したカラム名（book_id）に対応したものでなければなりません。

また、VALUES句に記述する際はもう1つ注意点があります。Chapter4でも説明しましたが、文字列と日付については必ず「**'（シングルクォーテーション）**」で囲ってください。数値であれば「'」を付けず、そのまま記述して問題ありません。

また、INSERT文の実行後は、SELECT文のようにテーブルの内容が表示されません。代わりに「INSERT 0 1」というメッセージが表示されています。このうち「0」はOID（オブジェクト識別子）と呼ばれるもので、レコードごとに付加される番号です。「1」は追加されたレコードの数を示します。INSERT文を実行してデータを追加した際は、そのあとSELECT文を実行してテーブルの内容を確認するようにしましょう（図6-3）。

SQL文

```
SELECT * FROM books
 WHERE book_id = 10011;
```

実行結果

```
 book_id | title  |  author   |    date    | cat_id | price | stock
---------+--------+-----------+------------+--------+-------+-------
   10011 | 世界一周 | 鈴木十一郎 | 2017-04-30 |     10 |  2500 |    10
(1 行)
```

● 図6-3　データがきちんと追加されているかを確認する（book_idが「10011」）

図書番号（book_id）「10011」のレコードが無事追加されていることを確認できました。

6-1-4 カラム名を省略してデータを追加する

次にカラム名を省略してINSERT文を実行してみましょう。図6-4では、図書番号（book_id）「10012」のレコードをカラム名を省略して追加しています。

SQL文

```
INSERT INTO books
VALUES(10012,'合格のすすめ','高橋十二郎','20170515',6,1500,3);
```

実行結果

```
INSERT 0 1
```

● 図6-4　カラム名を省略してデータを追加する

図6-3と同様に、SELECT文を実行してデータが追加されているかを確認します(**図6-5**)。

SQL文

```
SELECT * FROM books
 WHERE book_id = 10012;
```

実行結果

```
 book_id |   title    |   autho   |    date     | cat_id | price |stock
---------+------------+-----------+-------------+--------+-------+-----
   10012 | 合格のすすめ | 高橋十二郎 | 2017-05-15 |      6 |  1500 |    3
```

● 図6-5　データがきちんと追加されているかを確認する(book_idが「10012」)

図6-4では、図6-2と異なりテーブル名の後ろにカラム名を記述していません。すっきりとしたINSERT文ですが、カラム名を記述していないのに、どのような順番で値リストを記述すれば良いのでしょうか？ここはとても重要なポイントです。

INSERT文に列名リストを記述しない場合は、**データベース上で定義されているカラム名の順番に合わせる**必要があります。この順番を調べるには、psqlで「¥d books」を実行してください(**図6-6**)。

SQL文

```
¥d books
```

実行結果

```
            テーブル "public.books"
   列    |          型            |  修飾語
---------+------------------------+-----------
 book_id | integer                | not null
 title   | character varying(100) | not null
 author  | character varying(50)  | not null
 date    | date                   |
 cat_id  | integer                |
 price   | integer                |
 stock   | integer                | default 0
インデックス:
    "books_pkey" PRIMARY KEY, btree (book_id)
検査制約:
    "books_price_check" CHECK (price > 0)
外部キー制約:
    "books_cat_id_fkey" FOREIGN KEY (cat_id) REFERENCES category(cat_id)
```

● 図6-6　本(books)テーブルのカラム名定義を確認する

図6-6ではカラム名(列)の定義が表示されています。これは表6-1で示したレコードの列と同じ順番です。つまり、カラム名を省略してINSERT文を実行する場合は、「¥d books」を実行してカラム名の定義を把握しておくか、表6-1の内容を紙で出力するなどして、カラム名の定義を確認しながら値リストを入力できるようにしておく必要があります。

6-1-5 デフォルト値とは

6-1-3と6-1-4ではデータの追加を無事実行できましたが、もし、値リストの中に何も値を記述しなかった場合は、どうなってしまうのでしょうか。

そのような場合は、**デフォルト値**(初期値)という、あらかじめ設定された値が代入されます。このデフォルト値はテーブルを定義する際に決定します。なお、このときデフォルト値を明示的に(はっきりと)設定しなかった場合は、**NULL値**がデフォルト値となります。

デフォルト値は、テーブルを定義する際にカラムのデータ型(注3)の後に記述します。

ここでは実行しませんが、テーブルを作成するCREATE文でのテーブルの定義例が図6-7になります。

```
CREATE TABLE books (
book_id integer CONSTRAINT pk_books_id PRIMARY KEY,
（略）
stock integer DEFAULT 0  ←stockのデフォルト値を「0」に設定
);
```

● 図6-7　CREATE文におけるデフォルト値の設定例

図6-7では、在庫数(stock)にDEFAULT値の「0」を設定しています。これによって、INSERT文を実行したときに「0」をデフォルト値として使用できます(注4)。

6-1-6 明示的にデフォルト値を指定する

次に、INSERT文でデフォルト値を使用する方法として明示的と暗黙的という2つのパターンを紹介します。ここからは本(books)テーブルに表6-2にある2件のレコードを追加していきます。

(注3)　データ型の詳細については、Appendixを参照してください。

(注4)　以降の説明でも、在庫数(stock)のデフォルト値は「0」として説明を進めています。

● 表6-2　本(books)テーブルに追加するレコード(2件分)

book_id	title	author	date	cat_id	price	stock
10013	こんにちは赤ちゃん	山田十三子	2017-06-01	7	950	10
10014	夢をかなえる	栗原十四郎	2017-07-10	1	700	10

「明示的」とは、「この値はデフォルト値にします」と明らかにして、デフォルト値を指定することです。この場合は、INSERT文のVALUES句の値リストの中で「**DEFAULT**」と記述します。

図6-8では、在庫数(stock)の値としてデフォルト値を使用するため、在庫数(stock)の該当位置に「DEFAULT」と記述してINSERT文を実行しています。

SQL文

```
INSERT INTO books
VALUES(10013,'こんにちは赤ちゃん','山田十三子','20170601',7,950,DEFAULT);
```

実行結果

```
INSERT 0 1
```

● 図6-8　明示的にデフォルト値を指定する

ここでもSELECT文を実行して、データが追加されているかを確認してみましょう(**図6-9**)。

SQL文

```
SELECT * FROM books
 WHERE book_id = 10013;
```

実行結果

```
book_id |        title         |  author   |    date    | cat_id | price | stock
---------+----------------------+-----------+------------+--------+-------+-------
   10013 | こんにちは赤ちゃん      | 山田十三子 | 2017-06-01 |      7 |   950 |     0
(1 行)
```

● 図6-9　データがきちんと追加されているかを確認する(book_idが「10013」)

在庫数(stock)には、そのデフォルト値である「0」が入っていることが確認できました。

6-1-7 暗黙的にデフォルト値を指定する

「暗黙的」とは明示的と逆に、「はっきり示さないことによって、あらかじめ決められた処理が行われる」ことです。今回の場合は、「INSERT文の列名リストと値リストの中でデフォルト値を適用したい項目の値を記述しないことによって、自動的にデフォルト値が入る」を意味します。つまり、あえて記述しないことでデフォルト値を入れることができるのです。

図6-7では、在庫数(stock)のデフォルト値(DEFAULT)を「0」に設定していました。ここでは、INSERT文の列名リストと値リストから在庫数(stock)を除外し(図6-10)、デフォルト値「0」が入っているかを確認してみましょう(図6-11)。

SQL文

```
INSERT INTO books
(book_id, title, author, date, cat_id, price)
VALUES(10014,'夢をかなえる','栗原十四郎','20170710',1,700);
```

実行結果

```
INSERT 0 1
```

● 図6-10 暗黙的にデフォルト値を指定する

SQL文

```
SELECT * FROM books
 WHERE book_id = 10014;
```

実行結果

```
 book_id |    title     |  author   |    date    | cat_id | price | stock
---------+--------------+-----------+------------+--------+-------+------
   10014 | 夢をかなえる | 栗原十四郎 | 2017-07-10 |      1 |   700 |     0
(1 行)
```

● 図6-11 データがきちんと追加されているかを確認する(book_idが「10014」)

列名リストと値リストの両方で、在庫数(stock)を記述しないことによって、在庫数(stock)の値に「0」が挿入されていることが確認できました。

図6-10では列名リストを記述しましたが、図6-8と同様に、列名リストを省略することも可能です。

6-2 テーブルにあるデータを更新しよう —— UPDATE

ここでは、データの追加・更新・削除を行うためのSQL（更新系SQL）の1つである、UPDATE（アップデート）文を学習していきましょう。

6-2-1 UPDATE文とは

「UPDATE」は日本語で「更新する」という意味です。UPDATE文は、テーブルのデータを書き換える場合に使用します（図6-12）。

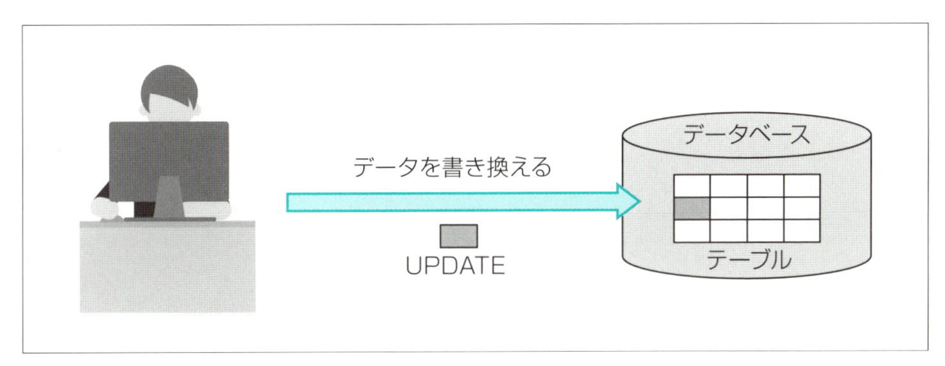

● 図6-12　UPDATE文のイメージ

UPDATE文では、書き換えたいデータをカラム単位で指定でき、指定したカラムを全件更新したり、検索条件に一致するレコードのみを更新することも可能です。

6-2-2 UPDATE文の基本構文を確認する

UPDATE文の基本構文は以下の通りです。

```
UPDATE 対象とするテーブル名
   SET 書き換えたいカラム名＝値,……
(WHERE 書き換えたいレコードの条件);
```

UPDATE句には、対象とするテーブル名を指定します。

SET（セット）句には、指定したテーブル内から書き換えたいカラム名と、更新後の値を指定します。書き換えたいカラム名を複数記述することも可能であり、その場合は

「**,(カンマ)**」で区切って指定します。

WHERE句は、SELECT文と同様に、条件を指定したい場合に使用します。**WHERE句を省略した場合は、全レコードが更新の対象**となります。

6-2-3　全件のレコードを対象として更新する

それでは、本(books)テーブルの現在の在庫数から「-1」した値に更新してみましょう。

UPDATE文によってきちんと更新が行われたかどうかを確認するために、実行前に在庫数(stock)を確認しておきます(**図6-13**)。

SQL文

```
SELECT title, stock
  FROM books;
```

実行結果

```
         title          | stock
------------------------+-------
 はじめてのSQL          |    15
 少年マンガ             |    20
 日本のおすすめガイド   |     7
 私の家庭料理           |
 パソコンを作ってみよう |     5
 よくわかる経済学       |    10
 うさこの日記           |    18
 やさしいネットワーク   |    12
 料理をたのしもう       |     3
 彼とわたし             |     8
 世界一周               |    10
 合格のすすめ           |     3
 こんにちは赤ちゃん     |     0
 夢をかなえる           |     0
(14 行)
```

● 図6-13　現在の在庫数を確認する

次に全件のレコードを対象としたUPDATE文を実行します(**図6-14**)。今回は本(books)テーブルのすべてのレコードの在庫数(stock)を更新対象としています。

SQL文

```
UPDATE books
   SET stock = stock - 1;
```

実行結果

```
UPDATE 14
```

● 図6-14　全件のレコードを対象として更新する

SET句の左辺は「stock」、右辺は「stock - 1」となっています。これは現在の在庫数から1を引いて、新たな在庫数として値を返すことを意味します。このように、右辺には**単なる値だけでなく、そのときに格納された値を使用した演算式を記述することもできる**のです（図6-15）。

● 図6-15　格納された値を使った演算式も可能

実際にきちんとデータが更新されているかを確認するには、SELECT文を実行する必要があります。UPDATE文を実行してデータを更新した際は、そのあとSELECT文を実行してテーブルの内容を確認するようにしましょう（図6-16）。

SQL文

```
SELECT title, stock
  FROM books;
```

実行結果

```
          title          | stock
-------------------------+-------
 はじめてのSQL           |    14
 少年マンガ              |    19
 日本のおすすめガイド    |     6
 私の家庭料理            |
 パソコンを作ってみよう  |     4
 よくわかる経済学        |     9
 うさこの日記            |    17
 やさしいネットワーク    |    11
 料理をたのしもう        |     2
 彼とわたし              |     7
 世界一周                |     9
 合格のすすめ            |     2
 こんにちは赤ちゃん      |    -1
 夢をかなえる            |    -1
(14 行)
```

● 図6-16　データがきちんと更新されているかを確認する（stock）

すべてのレコードの在庫数が「-1」した値に更新されていることが確認できました。

6-2-4 対象レコードの条件を指定して更新する

図6-15のUPDATE文で在庫数を「-1」したことによって、図6-16の下2行、図書番号(book_id)「10013」と「10014」の在庫数(stock)が「-1」になっています。

ここでは、UPDATE文を使ってこの2件の在庫数(stock)を「10」に更新してみましょう。

まずはSELECT文を実行して、更新する条件でレコードを抽出し、更新対象となるデータを確認してからデータの更新を行います(図6-17)。

SQL文

```
SELECT title, stock
  FROM books
 WHERE book_id = 10013 OR book_id = 10014;
```

実行結果

```
       title        | stock
--------------------+-------
 こんにちは赤ちゃん      |    -1
 夢をかなえる          |    -1
(2 行)
```

● 図6-17　更新対象レコードを確認する

WHERE句では、図書番号(book_id)「10013」と「10014」のどちらか一方の場合という条件が指定されています。この条件は「IN」演算子(注5)を使用して図6-18のように記述することもできます。

```
 WHERE book_id IN (10013, 10014);
```

● 図6-18　WHERE句の書き換え

データを確認したらUPDATE文を実行します(図6-19)。

(注5)　IN演算子については表4-2を参照してください。

SQL文

```
UPDATE books
   SET stock = 10
 WHERE book_id = 10013 OR book_id = 10014;
```

実行結果

```
UPDATE 2
```

● 図6-19　対象レコードの条件を指定して更新する

SET句では、在庫数(stock)を「10」に書き換えるように指定しています。

UPDATE文を実行したあとは「UPDATE 2」と表示され、2件のレコードが更新されたことがわかります。

実際にきちんとデータが更新されているかを確認するには、SELECT文を実行する必要があります。UPDATE文を実行してデータを更新した際は、そのあとSELECT文を実行してテーブルの内容を確認するようにしましょう(図6-20)。

SQL文

```
SELECT title, stock
  FROM books
 WHERE book_id = 10013 OR book_id = 10014;
```

実行結果

```
       title        | stock
--------------------+-------
 こんにちは赤ちゃん     |    10
 夢をかなえる         |    10
(2 行)
```

● 図6-20　データがきちんと更新されているかを確認する(stock)

2件のレコードの在庫数(stock)が「10」に更新されていることが確認できました。

6-3 テーブルのレコードを削除しよう —— DELETE

ここでは、データの追加・更新・削除を行うためのSQL（更新系SQL）の1つである、DELETE文を学習していきましょう。

6-3-1 DELETE文とは

「DELETE」は日本語で「削除する」という意味です。**DELETE（デリート）文**は、テーブルのデータを削除する場合に使用します（**図6-21**）。

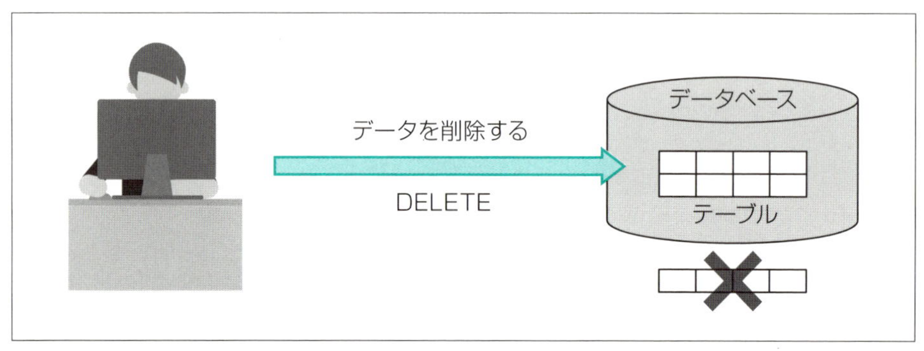

● **図6-21　DELETE文のイメージ**

DELETE文では、テーブルのレコードを全件削除したり、検索条件に一致するレコードのみを削除することも可能です。

6-3-2 DELETE文の基本構文を確認する

DELETE文の基本構文は以下の通りです。

```
DELETE FROM 対象とするテーブル名
(WHERE 削除したいレコードの条件);
```

DELETE文を実行すると、対象テーブルの中で削除したいレコードの条件と一致するレコードを削除します。

DELETE文で削除できる単位はレコードです。カラムごとでは削除できません。また、**条件に一致する1行または複数行のレコード単位で削除する**ことに注意しましょう。

6-3-3 データを全件削除する

ここでは、本(books)テーブルとは別のサンプル(sample)テーブルで、全件削除の動作を確認していきましょう。

まずはsampleテーブルのデータを確認しておきます(図6-22)。

SQL文

```
SELECT * FROM sample;
```

実行結果

```
  no  |  name   | price
------+--------+-------
 1001 | ミカン  |    50
 1002 | リンゴ  |    90
 1003 | バナナ  |    50
(3 行)
```

● 図6-22 sampleテーブルの内容を確認する

3件のデータが格納されていることが確認できました。それでは、sampleテーブルにあるデータを全件削除してみましょう(図6-23)。

SQL文

```
DELETE FROM sample;
```

実行結果

```
DELETE 3
```

● 図6-23 データを全件削除する

DELETE文の実行後に「DELETE 3」というメッセージが表示されています。この「3」は、DELETE文によって削除されたレコード数を表します。

実際にきちんとデータが削除されたかを確認するには、SELECT文を実行する必要があります。DELETE文を実行してデータを削除した際は、そのあとSELECT文を実行してテーブルの内容を確認するようにしましょう(図6-24)。

SQL文

```
SELECT * FROM sample;
```

実行結果

```
 no | name | price
----+------+-------
(0 行)
```

● 図6-24 データがきちんと削除されたかを確認する(sample)

sampleテーブルのデータが1件も表示されていません。これで全件削除されていることが確認できました。

6-3-4 条件を指定してデータを削除する

本(books)テーブルに再び戻って、指定した条件に一致するレコードを削除してみましょう。

ここでは、図書番号(book_id)が「10011以上」のレコードを削除します。

まずはSELECT文を実行して、削除する条件でレコードを抽出し、削除対象となるデータを確認してからレコードの削除を行います(図6-25)。

SQL文

```
SELECT * FROM books
 WHERE book_id >= 10011;
```

実行結果

```
 book_id |        title         |   author    |    date    | cat_id | price | stock
---------+----------------------+-------------+------------+--------+-------+-------
   10011 | 世界一周              | 鈴木十一郎  | 2017-04-30 |     10 |  2500 |     9
   10012 | 合格のすすめ          | 高橋十二郎  | 2017-05-15 |      6 |  1500 |     2
   10013 | こんにちは赤ちゃん    | 山田十三子  | 2017-06-01 |      7 |   950 |    10
   10014 | 夢をかなえる          | 栗原十四郎  | 2017-07-10 |      1 |   700 |    10
(4 行)
```

● 図6-25　削除対象レコードを確認する

WHERE句では比較演算子(注6)「>=」を使って、図書番号(book_id)が「10011以上」のレコードを指定しています。図6-25では、削除対象となるレコードが4件あることが確認できます。

レコードを確認したらDELETE文を実行します(図6-26)。

SQL文

```
DELETE FROM books
 WHERE book_id >= 10011;
```

実行結果

```
DELETE 4
```

● 図6-26　条件を指定してデータを削除する

「DELETE 4」というメッセージが表示されています。これは4件のレコードが削除さ

(注6)　比較演算子については4-3-5を参照してください。

れたことを示しています。

実際にきちんとデータが削除されたかを確認するには、SELECT文を実行する必要があります。DELETE文を実行してデータを削除した際は、そのあとSELECT文を実行してテーブルの内容を確認するようにしましょう（図6-27）。

SQL文

```
SELECT * FROM books
 WHERE book_id >= 10011;
```

実行結果

```
 book_id | title | author | date | cat_id | price | stock
---------+-------+--------+------+--------+-------+-------
(0 行)
```

● 図6-27　データがきちんと更新されているかを確認する（book_idが「10011以上」）

図書番号（book_id）が「10011以上」のレコードが削除されていることが確認できました。

更新系SQLは構文を間違えていない限りは指定した内容で処理が実行され、**元に戻すことができません**(注7)。DELETE文はデータを削除しますので、条件の指定を忘れてしまうなど、意図せずに全件のレコードを削除してしまわないよう、特に注意してください。

これまで更新系SQLを実行する前後に、SELECT文を実行しましたが、更新系SQLはデータの変更が伴いますので、面倒と思うかもしれませんが、**SELECT文で確認するクセ**をつけましょう。

要点整理

✔ **INSERT文**

テーブルに新たにレコードを追加するためのSQLで、一度に追加できるレコードは原則1件分である。

✔ **DEFAULT値**

INSERT文で値を指定しなかったときに、初期値として入力する値のことである。

✔ **UPDATE文**

テーブル内のデータを書き換えるためのSQLである。SET句に指定したカラムを対象とする。

✔ **DELETE文**

テーブルのレコードを削除するためのSQL文である。条件に一致する1行または複数行のレコード単位で削除を行う。

（注7）　ただし、トランザクションの制御を行えば、戻すことも可能です。

練習問題

問題1 次のデータは、「t_item」テーブルからすべてのカラムのすべてのレコードを抽出した結果です。以下の表のデータを追加するためのINSERT文を作成し、実行してください。その際、INSERT文の中でカラム名を指定してください。
なお実行後はSELECT文でテーブルの内容を確認しましょう。

```
 item_no | item_name | price
---------+-----------+-------
    1001 | ミカン      |   120
    1002 | リンゴ      |    90
    1003 | バナナ      |   120
    1004 | メロン      |   500
```

● 表6_練習問題1

item_no	item_name	price
1005	イチゴ	300

問題2 次のデータは、「t_order」テーブルからすべてのカラムのすべのレコードを抽出した結果です。以下の表のデータを追加するためのINSERT文を作成し、実行してください。その際、INSERT文の中でカラム名を省略してください。
なお実行後はSELECT文でテーブルの内容を確認しましょう。

```
 order_no | item_no | quantity | amount | delivery_date
----------+---------+----------+--------+---------------
        1 |    1001 |       30 |   3600 | 2017-04-25
        2 |    1003 |       20 |   2400 | 2017-04-19
        3 |    1001 |       45 |   5400 |
        4 |    1004 |       10 |   5000 | 2017-04-30
        5 |    1001 |       25 |   3000 | 2017-05-08
```

● 表6_練習問題2

order_no	item_no	quantity	amount	delivery_date
6	1005	25	7500	2016-05-25

問題3 「t_order」テーブルの「delivery_date」がNULLのレコードを抽出し、「delivery_date」を「2017-05-01」に更新してください。
なお実行後はSELECT文でテーブルの内容を確認しましょう。

問題4 「t_item」テーブルの「item_no」が「1005」のレコードを削除してください。
なお実行後はSELECT文でテーブルの内容を確認しましょう。

CHAPTER

7

複数のテーブルからデータを取り出してみよう

Chapter6までは、本（books）テーブルという１つのテーブルに対して SQL 文を実行してきました。なお、本Chapterでは分類（category）テーブルを加え、複数のテーブルを対象としたデータベース操作を行っていきます。

7-1 テーブル結合の前に知っておくべきこと

ここでは、複数のテーブルを使ったテーブル結合を行う前に理解しておくべき事項について説明していきます。

なお、本Chapterでの操作は、Chapter6からの続きの操作となります。本(books)テーブルの在庫数(stock)の値は、初期値(スクリプトからの取り込み時)から変更されていますので、注意してください。

7-1-1 テーブル結合とは

Chapter1で説明したように、通常RDBMSは複数のテーブルにデータを格納しています。例えば、これまで使用してきた本(books)テーブルには、本に関する情報を格納しています。また、本Chapterで使用する分類(category)テーブルには、本の分類に関する情報を格納しています(図7-1)。

SQL文

```
SELECT * FROM category;
```

実行結果

```
 cat_id |     cat_name
--------+------------------
      1 | 文学・評論
      2 | 新書・文庫
      3 | ビジネス・経済
      4 | コンピュータ・IT
      5 | 就職・資格
      6 | 教育・受験
      7 | 児童・絵本
      8 | コミック
      9 | くらし・料理
     10 | 地図・旅行ガイド
(10 行)
```

● 図7-1　分類(category)テーブルの内容

テーブルにはそれぞれが関連を持つ情報がまとめられています。そして、その内容によって別々のテーブルとして管理されているのです(図7-2)。

本（books）テーブル

図書番号	書籍名	著者名	出版年月日	分類	価格	在庫数
10001	はじめてのSQL	佐藤一郎	2016-08-30	4	2200	14
10002	少年マンガ	小林次郎	2017-03-10	8	600	19
10003	日本のおすすめガイド	山本幸三郎	2016-01-21	10	1200	6
10004	私の家庭料理	四条友子	2016-05-15	9	1000	
10005	パソコンを作ってみよう	五木花子	2016-11-23	4	1600	4
10006	よくわかる経済学	六角太郎	2017-01-20	3	1600	9
10007	うさこの日記	藤田七海	2017-02-25	7	700	17
10008	やさしいネットワーク	田中八郎	2016-10-22	4	2100	11
10009	料理をたのしもう	九藤幸子	2016-01-15	9	1300	2
10010	彼とわたし	十文字愛	2017-02-16	2	1000	7

分類（category）テーブル

分類番号	分類名
1	文学・評論
2	新書・文庫
3	ビジネス・経済
4	コンピュータ・IT
5	就職・資格
6	教育・受験
7	児童・絵本
8	コミック
9	くらし・料理
10	地図・旅行ガイド

テーブルにはそれぞれ関連を持つ情報がまとめられている

● **図7-2　テーブルの管理**

これらのテーブルから必要なデータを取り出す場合、その情報が2つ以上のテーブルに存在しており、それらを一度に取り出そうと思ったらどうすれば良いのでしょうか？

このような場合に必要になるのが「**テーブル結合**」です。テーブル結合とは、**あるカラムの値**を基に複数のテーブルを連結し、1つの結果として取り出すことです。つまり、別々のテーブル同士をくっつけて、それを1つの表として扱うことで、複数のテーブルから一度にデータを取り出すことができるのです（**図7-3**）。

本書では、本（books）テーブルと分類（category）テーブルの2つのテーブルで結合を行いますが、実際は3つ以上のテーブルを結合することも可能です。まずは2つのテーブルを使用し、テーブル結合の基本を学習しましょう。

本 (books) テーブル

図書番号	書籍名	著者名	出版年月日	分類	価格	在庫数
10001	はじめてのSQL	佐藤一郎	2016-08-30	4	2200	14
10002	少年マンガ	小林次郎	2017-03-10	8	600	19
10003	日本のおすすめガイド	山本幸三郎	2016-01-21	10	1200	6
10004	私の家庭料理	四条友子	2016-05-15	9	1000	
10005	パソコンを作ってみよう	五木花子	2016-11-23	4	1600	4
10006	よくわかる経済学	六角太郎	2017-01-20	3	1600	9
10007	うさこの日記	藤田七海	2017-02-25	7	700	17
10008	やさしいネットワーク	田中八郎	2016-10-22	4	2100	11
10009	料理をたのしもう	九藤幸子	2016-01-15	9	1300	2
10010	彼とわたし	十文字愛	2017-02-16	2	1000	7

分類 (category) テーブル

分類番号	分類名
1	文学・評論
2	新書・文庫
3	ビジネス・経済
4	コンピュータ・IT
5	就職・資格
6	教育・受験
7	児童・絵本
8	コミック
9	くらし・料理
10	地図・旅行ガイド

テーブル結合

図書番号	書籍名	著者名	出版年月日	分類	価格	在庫数	分類番号	分類名
10001	はじめてのSQL	佐藤一郎	2016-08-30	4	2200	14	4	コンピュータ・IT
10002	少年マンガ	小林次郎	2017-03-10	8	600	19	8	コミック
10003	日本のおすすめガイド	山本幸三郎	2016-01-21	10	1200	6	10	地図・旅行ガイド
10004	私の家庭料理	四条友子	2016-05-15	9	1000		9	くらし・料理
10005	パソコンを作ってみよう	五木花子	2016-11-23	4	1600	4	4	コンピュータ・IT
10006	よくわかる経済学	六角太郎	2017-01-20	3	1600	9	3	ビジネス・経済
10007	うさこの日記	藤田七海	2017-02-25	7	700	17	7	児童・絵本
10008	やさしいネットワーク	田中八郎	2016-10-22	4	2100	11	4	コンピュータ・IT
10009	料理をたのしもう	九藤幸子	2016-01-15	9	1300	2	9	くらし・料理
10010	彼とわたし	十文字愛	2017-02-16	2	1000	7	2	新書・文庫

● 図7-3　テーブル結合

7-1-2　テーブル結合の種類

テーブル結合の方法にもいろいろな種類があります。本書では以下に挙げたテーブル結合について扱っています。

- **直積結合**
- **WHERE句を使用した結合**
- **内部結合**
- **外部結合**

これらは、テーブル結合を理解するうえで重要だったり、実際によく使われるテーブル結合だったりします。これまでよりも少し難しく感じるかもしれませんが、サンプルを実行しながら、理解していくようにしましょう。

次にテーブル結合の際に必要な「列名の修飾」、「テーブルの別名」について学習していきます。

7-1-3 列名を修飾する

テーブルとテーブルを結合する際、あるカラムの値を基に結合するため、少なくとも1つは共通のカラムが存在していなければなりません。では、まったく同じであるカラム名はどのように区別すれば良いでしょうか？

図7-4ではAテーブルとBテーブルに「α」という同じ名前のカラムが存在しています。Aテーブルの「α」、Bテーブルの「α」と指定したい場合は、「**列名の修飾**」を理解しておく必要があります。

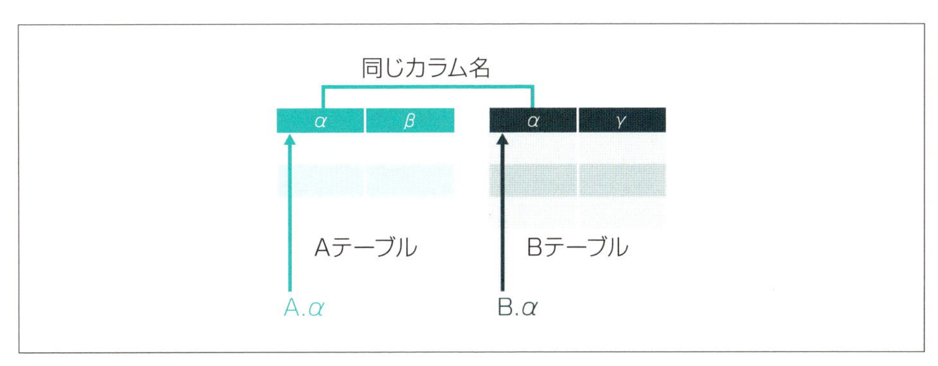

● **図7-4 列名の修飾**

このような場合は、「どのテーブルのどのカラムである」かを「**テーブル名.カラム名**」という書き方で示します。

例えば、図7-4ではテーブルAのカラム「α」を「A. α」、テーブルBのカラム「α」を「B. α」という書き方で区別できます。

7-1-4 テーブルに別名を付ける

図7-4では、例として「Aテーブル」「Bテーブル」という名前が付いていました。この2つのように短い名前であれば問題ありませんが、実際のテーブル名はとても長い名前が付けられているものもあります。

例えば、sampletableというテーブルがあったとします。このテーブル名で列名の修飾を行うと、「sampletable. α」や「sampletable. β」のように記述します。

このように長いテーブル名になると、SQL文を書くのに手間がかかり、かつSQL文も見づらくなるというデメリットが出てくるのです。そこで**テーブルに別名を付ける**ことで、そのデメリットを解消することができます。

テーブルに別名を付けるには、**FROM句のテーブル名のあとに半角の空白を入力して、テーブルの別名を記述**します。別名の付け方は自由ですが、テーブルを区別しやすくするため、わかりやすい名前を付けてください。**図7-5**は、テーブルの頭文字を別名として付けている例です。

● 図7-5 テーブルに別名を付ける

「sampletable」に「S」という別名を付け、少ない文字数ですっきりとしたSQL文になりました。それでは、次の7-2では、本(books)テーブルと分類(category)テーブルを結合して、7-1-2で紹介した方法でデータを取り出してみましょう。

COLUMN

検索スピード

1-1-3のデータベースが必要になる理由の1つとして、「大量のデータから目的のデータを素早く探すことができる」ということについて学習しました。データベースにはそのような検索機能が備わっているからです。とは言っても、数十件のレコードから1件を探し出すのと、数百万件のレコードから1件を探しだすのでは、いくらデータベースでもスピードは異なります。

例えば、検索サイトで「テーブル結合」と検索したときに、結果が返ってくるまでに10秒待たされたらみなさんはどう思いますか?「遅いなぁ……」と思ってしまうことも正直あると思います。やはり、SELECT文を実行して結果が出力されるまでのスピードは、速い方がいいわけです。

7-1-3で、同じカラム名が複数存在する場合は、「テーブル名.カラム名」というふうにカラム名を修飾することを学習しました。この場合、指定するカラム名が1つしか存在しなければ、あえて修飾する必要はありません。しかし、検索スピードのことを考えた場合は、たとえカラム名が1つであっても、テーブル名で修飾したほうが速いです。

Chapter1で2階建ての本屋で本を探そうとしたとき、まず1階フロアを探してから2階フロアを探しに行くのではなく、最初から2階にあることがわかっていれば、迷わず2階に行きますよね?それと同じです。

データベースも取り出したいカラムがどのテーブルに入っているのか、最初からわかっていたほうが早く取り出せるのです。

今の段階で検索スピードについて意識する必要はありませんが、できるだけ**カラム名を修飾する**くせをつけるようにしましょう。

7-2 すべての組み合わせで結合する（直積結合）

まず、すべての組み合わせで結合する方法である、直積結合（CROSS JOIN）について見ていきましょう。

7-2-1 直積結合とは

直積結合(注1)とは、**各テーブルに存在するレコードの組み合わせすべてを取り出す**結合です。

「直積」は数学で使用される用語で、「ある集合の要素と別の集合の要素を取り出し、それらをペアとしてすべてを組み合わせる」ことです。かけ算を「積(注2)」と言いますが、それを思い浮かべると、直積結合がイメージしやすくなるかもしれません。

例えば**図7-6**(注3)では、「注文テーブル」と「商品テーブル」を用いて直積結合を行っています。それぞれのテーブルのレコードの組み合わせをすべて取り出しています。

注文テーブル

注文番号	商品番号	数量	金額
1	1001	10	500
2	1003	5	250
3	1001	15	750

×

商品テーブル

商品番号	商品名	単価
1001	ミカン	50
1002	リンゴ	90
1003	バナナ	50

＝

注文番号	商品番号	数量	金額	商品番号	商品名	単価
1	1001	10	500	1001	ミカン	50
1	1001	10	900	1002	リンゴ	90
1	1001	10	500	1003	バナナ	50
2	1003	5	250	1001	ミカン	50
2	1003	5	450	1002	リンゴ	90
2	1003	5	250	1003	バナナ	50
3	1001	15	750	1001	ミカン	50
3	1001	15	1350	1002	リンゴ	90
3	1001	15	750	1003	バナナ	50

● 図7-6　直積結合のイメージ

（注1）　直積演算と言うこともあります。

（注2）　たし算は「和」、引き算は「差」、わり算は「商」と言うこともあります。

（注3）　図7-6のテーブルは「bookstore」データベースには存在しませんので、注意してください。

注文テーブルのレコードが3件、商品テーブルのレコードが3件ですので、「3×3」の合計9件のレコードが直積結合によって抽出されたことがわかります。

また、単純にテーブルとテーブルをかけ合わせた結合ですので、「商品番号」というカラム名が重複していることがわかります。

7-2-2 直積結合の基本構文を確認する

直積結合の基本構文は以下の通りです。

```
SELECT
        カラム名
  FROM
        テーブル名1
 CROSS JOIN
        テーブル名2;
```

FROM句には、テーブル名1(1つ目のテーブル)を指定します。

CROSS JOIN(クロスジョイン)句は直積結合で使用する句です。ここには、テーブル名2(2つ目以降のテーブル)を指定します。

SELECT句では、指定したカラム名によって、それぞれのテーブルに存在するレコードのすべての組み合わせを取得します。

7-2-3 直積結合を使ってデータを結合する

それでは、実際に本(books)テーブルと分類(category)テーブルを直積結合してみましょう(図7-7)(注4)。

図7-7では、本(books)テーブルのレコード10件(注5)と分類(category)テーブルのレコード10件で直積結合を実行しています。「10×10」のかけ算で合計100件のレコードが抽出されました。

(注4) 1回ですべてのテーブルを表示できない場合は「-- More --」と出てきますが、スペースキーを押すと残りが表示されます。

(注5) Chapter6まで学習を終えている場合は、レコードは10件になっているはずです。

SQL文

```
SELECT
       B.title,B.author,B.date,B.cat_id,B.price,B.stock,C.cat_id,C.cat_name
  FROM
       books B
 CROSS JOIN
       category C;
```

実行結果

```
      title        |  author   |    date    | cat_id  | price | stock | cat_id | cat_name
-------------------+-----------+------------+---------+-------+-------+--------+------------
 はじめてのSQL     | 佐藤一平  | 2016-08-30 |       4 |  2200 |    14 |      1 | 文学・評論
 日本のおすすめガイド | 山本幸三郎 | 2016-01-21 |      10 |  1200 |     6 |      1 | 文学・評論
 私の家庭料理      | 四条友子  | 2016-05-15 |       9 |  1000 |       |      1 | 文学・評論
 パソコンを作ってみよう | 五木花子 | 2016-11-23 |       4 |  1600 |     4 |      1 | 文学・評論
 よくわかる経済学  | 六角太郎  | 2017-01-20 |       3 |  1600 |     9 |      1 | 文学・評論
 うさこの日記      | 藤田七海  | 2017-02-25 |       7 |   700 |    17 |      1 | 文学・評論
 やさしいネットワーク | 田中八郎 | 2016-10-22 |       4 |  2100 |    11 |      1 | 文学・評論
 料理をたのしもう  | 九藤幸子  | 2016-01-15 |       9 |  1300 |     2 |      1 | 文学・評論
 彼とわたし        | 十文字愛  | 2017-02-16 |       2 |  1000 |     7 |      1 | 文学・評論
 はじめてのSQL     | 佐藤一平  | 2016-08-30 |       4 |  2200 |    14 |      2 | 新書・文庫
 少年マンガ        | 小林次郎  | 2017-03-10 |       8 |   600 |    19 |      2 | 新書・文庫
 日本のおすすめガイド | 山本幸三郎 | 2016-01-21 |      10 |  1200 |     6 |      2 | 新書・文庫
 私の家庭料理      | 四条友子  | 2016-05-15 |       9 |  1000 |       |      2 | 新書・文庫
(中略)
 彼とわたし        | 十文字愛  | 2017-02-16 |       2 |  1000 |     7 |      8 | コミック
 はじめてのSQL     | 佐藤一平  | 2016-08-30 |       4 |  2200 |    14 |      9 | くらし・料理
 少年マンガ        | 小林次郎  | 2017-03-10 |       8 |   600 |    19 |      9 | くらし・料理
 日本のおすすめガイド | 山本幸三郎 | 2016-01-21 |      10 |  1200 |     6 |      9 | くらし・料理
 私の家庭料理      | 四条友子  | 2016-05-15 |       9 |  1000 |       |      9 | くらし・料理
 パソコンを作ってみよう | 五木花子 | 2016-11-23 |       4 |  1600 |     4 |      9 | くらし・料理
 よくわかる経済学  | 六角太郎  | 2017-01-20 |       3 |  1600 |     9 |      9 | くらし・料理
 うさこの日記      | 藤田七海  | 2017-02-25 |       7 |   700 |    17 |      9 | くらし・料理
 やさしいネットワーク | 田中八郎 | 2016-10-22 |       4 |  2100 |    11 |      9 | くらし・料理
 料理をたのしもう  | 九藤幸子  | 2016-01-15 |       9 |  1300 |     2 |      9 | くらし・料理
 彼とわたし        | 十文字愛  | 2017-02-16 |       2 |  1000 |     7 |      9 | くらし・料理
 はじめてのSQL     | 佐藤一平  | 2016-08-30 |       4 |  2200 |    14 |     10 | 地図・旅行ガイド
 少年マンガ        | 小林次郎  | 2017-03-10 |       8 |   600 |    19 |     10 | 地図・旅行ガイド
 日本のおすすめガイド | 山本幸三郎 | 2016-01-21 |      10 |  1200 |     6 |     10 | 地図・旅行ガイド
 私の家庭料理      | 四条友子  | 2016-05-15 |       9 |  1000 |       |     10 | 地図・旅行ガイド
 パソコンを作ってみよう | 五木花子 | 2016-11-23 |       4 |  1600 |     4 |     10 | 地図・旅行ガイド
 よくわかる経済学  | 六角太郎  | 2017-01-20 |       3 |  1600 |     9 |     10 | 地図・旅行ガイド
 うさこの日記      | 藤田七海  | 2017-02-25 |       7 |   700 |    17 |     10 | 地図・旅行ガイド
 やさしいネットワーク | 田中八郎 | 2016-10-22 |       4 |  2100 |    11 |     10 | 地図・旅行ガイド
 料理をたのしもう  | 九藤幸子  | 2016-01-15 |       9 |  1300 |     2 |     10 | 地図・旅行ガイド
 彼とわたし        | 十文字愛  | 2017-02-16 |       2 |  1000 |     7 |     10 | 地図・旅行ガイド
(100 行)
```

● 図7-7　直積結合を使ってデータを結合する実行例

7-2-4 直積結合はどこで利用されるのか

それでは、この直積結合は一体どのような場合に利用されるのでしょうか。

実はデータベース業務などでは、利用されることはほとんどありません。というのも、それを必要とする場面がないためです。ただ、2つのテーブルから簡単に大量のレコードを抽出できますので、システムテストなどで大量のテストデータが必要な場合は、テストデータを作成するために、利用することがあるかもしれません。

実際の業務では、ほとんど利用されない直積結合ですが、なぜテーブル結合の最初に説明しているかというと、このあとで説明する内部結合や外部結合を理解するうえで、不可欠な考え方であるためです。

COLUMN

縦の結合「UNION」とは？

Chapter7で学習するテーブル結合はテーブルが横方向、つまりカラムが追加されていく結合です。しかし、結合はそれだけではありません。縦方向、つまりレコードが追加されていく結合もあります。「UNION」キーワードを使用すると、2つ以上のSELECT文の結果をつなげて出力することが可能です。例えば、1年ごとに管理している注文テーブルがあります。毎年別テーブルとして新たに作成しますが、過去の情報を一緒に出力したいとき、このUNIONを使用することができます。

UNIONの実行例は図7-a、このSQL文のイメージは図7-bの通りです。

```
SELECT 商品番号, 金額 FROM 注文テーブル_2017
 UNION
SELECT 商品番号, 金額 FROM 注文テーブル_2016;
```

● 図7-a UNIONの実行例

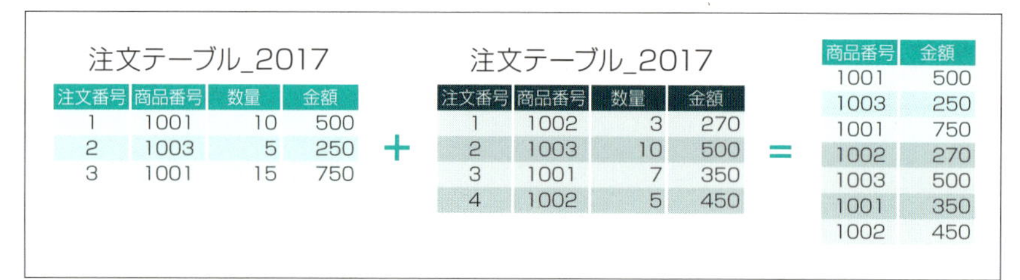

注文テーブル_2017

注文番号	商品番号	数量	金額
1	1001	10	500
2	1003	5	250
3	1001	15	750

＋

注文テーブル_2017

注文番号	商品番号	数量	金額
1	1002	3	270
2	1003	10	500
3	1001	7	350
4	1002	5	450

＝

商品番号	金額
1001	500
1003	250
1001	750
1002	270
1003	500
1001	350
1002	450

● 図7-b 図7-aの実行イメージ

SELECT文の結果を足していることから、**和集合**と呼ばれます。

UNIONはDISTINCTと同様に重複行が除かれて出力されますが、すべてのレコードを出力したい場合は、**UNION ALL**キーワードを使用します。

UNIONを使用する際の注意事項として、SELECT句で指定するカラムの数が同じであり、かつデータ型が同じであることを抑えておきましょう。

7-3 WHERE句を使って結合する

WHERE句はこれまでも何度か登場しましたが、これを利用した結合方法についても理解しておきましょう。

7-3-1 WHERE句を使った結合とは

WHERE句は、Chapter4、Chapter5で説明したSELECT文をはじめ、Chapter6で説明した更新系のSQL文(INSERT文、UPDATE文、DELETE文)でも、検索条件の指定を行う際に使用していました。

WHERE句はこれらの場合と同様に、テーブル結合においても**一致するカラムの条件指定**を行うために使用します。

図7-8は、7-2-1で紹介した直積結合の結果(図7-6)と同じテーブルです。図7-6の結果のテーブルには「商品番号」というカラムが2つありました。これらをレコード単位で確認すると、同じ値のものと違う値のものがありますが、その中で同じ値のレコードは3件あることが確認できます。

WHERE句を使用した結合は、このような商品番号が一致するレコードのみ取り出したいなどの場面で使用します。

注文番号	商品番号	数量	金額	商品番号	商品名	単価
1	1001	10	500	1001	ミカン	50
1	1001	10	900	1002	リンゴ	90
1	1001	10	500	1003	バナナ	50
2	1003	5	250	1001	ミカン	50
2	1003	5	450	1002	リンゴ	90
2	1003	5	250	1003	バナナ	50
3	1001	15	750	1001	ミカン	50
3	1001	15	1350	1002	リンゴ	90
3	1001	15	750	1003	バナナ	50

● **図7-8 直積テーブルを基にしたWHERE句のイメージ**

7-3-2 WHERE句を使った結合の基本構文を確認する

WHERE句を使った結合の基本構文は以下の通りです。

```
SELECT カラム名
  FROM テーブル名1, テーブル名2
 WHERE 結合条件;
```

SELECT句には、これまで同様、取り出したいカラム名を記述します。もちろん、複数のカラム名を記述することも可能です。

FROM句には、対象となるテーブル名1とテーブル名2を、「,（カンマ）」で区切って記述します。3つ目以降のテーブルを結合する際も、同様にFROM句にテーブル名を記述します。その際はテーブルに**別名**(注6)を付けるようにしましょう。

WHERE句には、テーブル名1とテーブル名2に存在する、**同じ意味を持つカラム**を結合条件として記述します。

図7-8は直積テーブルを基にしたWHERE句のイメージですが、この直積テーブルから商品番号が一致するレコードを取り出す場合のSQL文例は**図7-9**となります(注7)。

SQL文

```
SELECT C.注文番号,C.商品番号,C.数量,C.金額,S.商品番号,S.商品名,S.単価
  FROM 注文 C, 商品 S
 WHERE C.商品番号 = S.商品番号;
```

● 図7-9　WHEREを使った結合を使ってデータを取り出す例

図7-8は、図7-6でも示したように注文テーブルと商品テーブルを直積結合したものです。図7-9のFROM句でこの2つのテーブルを定義しています。

WHERE句では、注文テーブルと商品テーブルにある「商品番号」カラムの値が一致するレコードを抽出条件と指定しています。

WHERE句での条件に合致したレコードについて、SELECT句で指定したカラムを取り出しています。このSQL文の実行結果イメージは**図7-10**の通りです。

注文番号	商品番号	数量	金額	商品番号	商品名	単価
1	1001	10	500	1001	ミカン	50
2	1003	5	250	1003	バナナ	50
3	1001	15	750	1001	ミカン	50

● 図7-10　図7-9の実行結果イメージ

（注6）　テーブルの別名については、7-1-4を参照してください。

（注7）　サンプルにはこのテーブルは存在しませんので、実際にSQLは実行できません。

7-3-3 WHERE句を使って結合する

それでは実際に、本(books)テーブルと分類(category)テーブルで実際にSQL文を実行してみましょう(**図7-11**)。

SQL文

```
SELECT b.title, b.author, c.cat_name
  FROM books b, category c
 WHERE b.cat_id = c.cat_id;
```

実行結果

```
         title          |   author    |    cat_name
------------------------+-------------+------------------
 はじめてのSQL          | 佐藤一平    | コンピュータ・IT
 少年マンガ             | 小林次郎    | コミック
 日本のおすすめガイド   | 山本幸三郎  | 地図・旅行ガイド
 私の家庭料理           | 四条友子    | くらし・料理
 パソコンを作ってみよう | 五木花子    | コンピュータ・IT
 よくわかる経済学       | 六角太郎    | ビジネス・経済
 うさこの日記           | 藤田七海    | 児童・絵本
 やさしいネットワーク   | 田中八郎    | コンピュータ・IT
 料理をたのしもう       | 九藤幸子    | くらし・料理
 彼とわたし             | 十文字愛    | 新書・文庫
(10 行)
```

● **図7-11 WHERE句を使って結合する**

WHERE句では、本(books)テーブルと分類(category)テーブルの両方のテーブルにある分類番号(cat_id)が一致することを条件として指定しています。

FROM句では、本(books)テーブルに別名「b」、分類(category)テーブルに別名「c」を付けています。

SELECT句では、本(books)テーブルから書籍名(b.title)、著者名(b.author)、分類(category)テーブルから分類名(c.cat_name)を取り出しています。

本(books)テーブルには、分類番号(cat_id)のみ格納されていますが、分類(category)テーブルと結合することによって、分類番号(cat_id)から分類名(cat_name)も抽出できるようになりました。

これでどの本がどんな分類なのかが一目でわかる情報を表示することができました。

では、もしこのSELECT文に、「在庫数(stock)が10以上」という抽出条件を追加するとしたら、どのように記述すれば良いでしょうか。もう1つWHERE句を追加するのでしょうか。

WHERE句はすでに結合条件を記述するために使用されています。このWHERE句には複数の条件を記述することが可能でした。結合条件に加え、ここに抽出条件も記述することができるのです(**図7-12**)。

SQL文

```
SELECT b.title, b.author, c.cat_name
  FROM books b, category c
 WHERE b.cat_id = c.cat_id
   AND b.stock >= 10;
```

実行結果

```
         title          | author  |    cat_name
------------------------+---------+------------------
 やさしいネットワーク    | 田中八郎 | コンピュータ・IT
 はじめてのSQL          | 佐藤一平 | コンピュータ・IT
 うさこの日記           | 藤田七海 | 児童・絵本
 少年マンガ             | 小林次郎 | コミック
(4 行)
```

● 図7-12　WHERE句を使った結合に抽出条件を加えた実行例

結合条件のあとにAND演算子を使用することで、結合条件と抽出条件のうち、どちらも満たしたレコードを抽出することができました。

ここまでWHERE句を使って実際にテーブル結合を行いました。実はこの結合方法は少し古い書き方です。現在一般的なのは、JOIN句（後述）を使用した書き方です。では、なぜ古い書き方をあえて学習したかというと、古いから使えないというわけではなく、現在も使われている結合方法だからです。WHERE句を使用した結合を理解したうえで、このあとのJOIN句を使用した結合方法をしっかり確認していきましょう。

7-4 条件を満たした行を結合する（内部結合）

ここでは、テーブル結合の中でも一番よく使われる内部結合（INNER JOIN）について見ていきましょう。

7-4-1 内部結合とは

内部結合は**7-3**のWHERE句を使った結合と同様に、**指定した結合条件に一致するレコードのみを取り出して結合する**方法です。**図7-13**の具体例で確認してみましょう。

図7-13には注文テーブルと商品テーブルがあり、「商品番号」という同じ名前のカラムが存在しています。このカラムの値を確認すると「1001」と「1003」が共通していることがわかります。内部結合は一致したレコードを取り出して結合するため、図7-13の下にあるテーブルとしてまとめることができます。

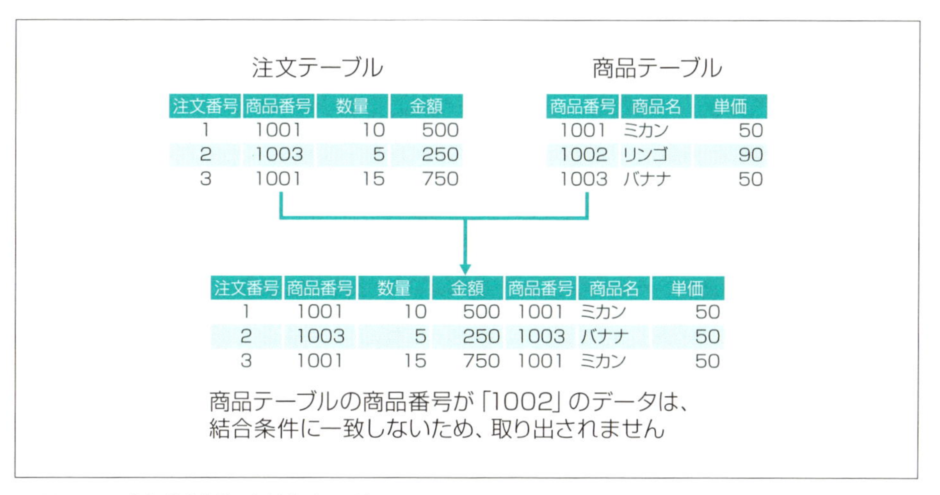

● **図7-13 内部結合を使った結合イメージ**

気づいた方がいるかもしれませんが、図7-10と図7-13の内部結合の結果のテーブルはまったく同じものです。

7-4-2 内部結合の基本構文を確認する

内部結合の基本構文は以下の通りです。

```
SELECT カラム名
  FROM テーブル名1
INNER JOIN
       テーブル名2
    ON
       結合条件
(WHERE 取得したいレコードの条件);
```

FROM句には、テーブル名1(1つ目のテーブル)を記述します。

INNER JOIN句は内部結合で使用する句です。ここには、テーブル名2(2つ目以降のテーブル)を記述します。

ON(オン)句には、テーブルを結合するための条件を指定し、その結合条件に一致するレコードのみを取り出します。

SELECT句では、取り出したいカラム名を指定します。

もし、抽出条件を追加したい場合は、ON句のあとにWHERE句を記述します。ON句には結合条件のみとなりますので、抽出条件を記述しないように注意してください。

図7-13で示した内部結合をSQL文で書いたものが**図7-14**となります(注8)。

SQL文

```
SELECT C.注文番号,C.商品番号,C.数量,C.金額,S.商品番号,S.商品名,S.単価
  FROM 注文 C
 INNER JOIN
       商品 S
    ON
       C.商品番号 = S.商品番号;
```

● **図7-14　内部結合を使ってデータを取り出す例**

図7-14では、FROM句で1つ目のテーブルとして注文テーブルを定義しています。また、INNER JOIN句では、2つ目のテーブルとして商品テーブルを定義しています。

ON句では、注文テーブルと商品テーブルにある「商品番号」カラムの値が一致するレコードを抽出条件と指定しています。

これらの条件に合致したレコードについて、SELECT句で指定したカラムを取り出しています。

先ほど図7-10と図7-13の結果が同じだと述べました。このことから、図7-10のSQL文と図7-14のSQL文の書き方は異なりますが、同じ結果となる結合を実行しているこ

(注8)　図7-14のテーブルは「bookstore」データベースには存在しませんので、注意してください。

とがわかります。

7-4-3 内部結合の実行例

それでは、サンプルデータベースで実際にSQL文を実行してみましょう(図7-15)。

SQL文

```
SELECT b.title, b.author, c.cat_name
  FROM books b
 INNER JOIN
       category c
    ON
       b.cat_id = c.cat_id;
```

実行結果

```
         title          |   author   |     cat_name
------------------------+------------+-----------------
 はじめてのSQL          | 佐藤一平   | コンピュータ・IT
 少年マンガ             | 小林次郎   | コミック
 日本のおすすめガイド   | 山本幸三郎 | 地図・旅行ガイド
 私の家庭料理           | 四条友子   | くらし・料理
 パソコンを作ってみよう | 五木花子   | コンピュータ・IT
 よくわかる経済学       | 六角太郎   | ビジネス・経済
 うさこの日記           | 藤田七海   | 児童・絵本
 やさしいネットワーク   | 田中八郎   | コンピュータ・IT
 料理をたのしもう       | 九藤幸子   | くらし・料理
 彼とわたし             | 十文字愛   | 新書・文庫
(10 行)
```

● 図7-15 内部結合の実行例

FROM句では本(books)テーブルに別名「b」、INNER JOIN句では分類(category)テーブルに別名「c」とそれぞれ付けています。

ON句では、本(books)テーブルの分類番号(b.cat_id)と、分類(category)テーブルの分類番号(c.cat_id)の値が一致することを結合条件としています。

SELECT句では、本(books)テーブルから書籍名(title)、著者名(author)、分類(category)テーブルから分類名(cat_name)を取り出しています。

7-5 条件を満たしていない行も結合する（外部結合）

ここでは、7-4の内部結合と同様によく使われている、外部結合（OUTER JOIN）について見ていきましょう。

7-5-1 外部結合とは

7-4で説明した内部結合は、結合条件に一致するレコードのみを取り出す結合方法でした。それに対し、外部結合は、**テーブル名1またはテーブル名2のどちらか一方にしかないレコードも取り出す**結合方法です（図7-16）。

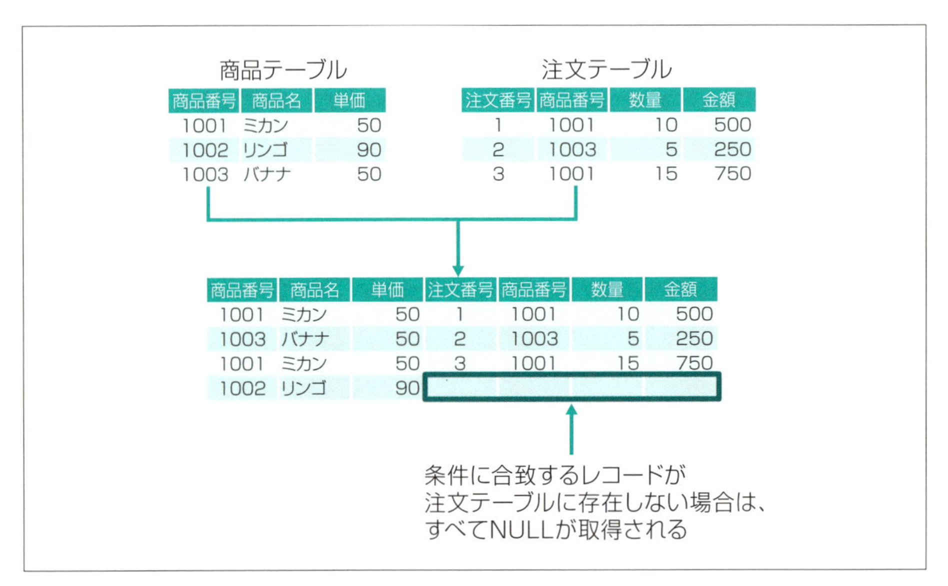

● 図7-16 外部結合を使った結合イメージ

つまり、外部結合は両方のテーブルで一致したレコードに加え、どちらか一方のテーブルについては、すべてのレコード（一致していないレコードも含める）を取り出すことができる結合方法と覚えてください。

また、どちらか一方のテーブルとありますが、その基準となるテーブルをどれにするかをSQL文で明確に定義しておく必要があります。

外部結合はその定義の仕方によって、以下の2種類に分けることができます。

・左側外部結合（LEFT OUTER JOIN）
・右側外部結合（RIGHT OUTER JOIN）

これらの違いは、どちらのテーブルを基準のテーブルとするかにより、書き方を変えるだけで同じことが実現できます。7-5-5でも説明しますが、以下の観点から、本書では**左側外部結合（LEFT OUTER JOIN）の使用を推奨**します。

・SQL文が見やすい
・3つ以上のテーブルを結合する際、左側外部結合のほうがイメージしやすい

7-5-2 外部結合の基本構文を確認する

外部結合の基本構文は以下の通りです。

```
SELECT カラム名
  FROM テーブル名1
  LEFT OUTER JOIN (RIGHT OUTER JOIN)
       テーブル名2
    ON
       結合条件
 (WHERE 取得したいレコードの条件);
```

FROM句には、テーブル名1（1つ目のテーブル）を記述します。**LEFT OUTER JOIN句**もしくは**RIGHT OUTER JOIN句**にテーブル名2（2つ目以降のテーブル）を記述します。

これらの使い分けは、テーブル名1のレコードを全部取り出したい場合は「LEFT OUTER JOIN（左側外部結合）」、テーブル名2のレコードを全部取り出したい場合は「RIGHT OUTER JOIN（右側外部結合）」を使うと覚えてください。

ON（オン）句には、テーブルを結合するための条件を指定します。

SELECT句では、取り出したいカラム名を指定します。

また、内部結合の時と同様に、抽出条件を追加したい場合は、ON句のあとにWHERE句を記述します。

図7-16で示した外部結合をSQL文で書いたものが**図7-17**となります（注9）。

（注9）　図7-16のテーブルは「bookstore」データベースには存在しませんので、注意してください。

SQL文

```
SELECT S.商品番号,S.商品名,S.単価,C.注文番号,C.商品番号,C.数量,C.金額
  FROM 商品 S
  LEFT OUTER JOIN
       注文 C
    ON
       S.商品番号 = C.商品番号;
```

● 図7-17 （左側）外部結合を使ってデータを取り出す例

図7-17では、LEFT OUTER JOIN句を使用しています。よって、1つ目のテーブルが基準テーブルとなるため、FROM句で定義した商品テーブルが基準となります。

LEFT OUTER JOIN句では、注文テーブルを定義しています。

ON句では、注文テーブルと商品テーブルにある「商品番号」カラムの値が一致するレコードを抽出条件と指定しています。

これらの条件に合致したレコードについて、SELECT句で指定したカラムを取り出しています。

7-5-3 左側外部結合を実行する

それでは、サンプルデータベースで実際にSQL文を実行します。まずは左側外部結合の実行例から見ていきましょう（図7-18）。

COLUMN

外部結合はどんな場面で使われる？

例えば、社員情報を管理する社員テーブルと、社員の資格取得情報を管理する資格テーブルがあるとします。この2つを結合し、すべての社員の情報を取り出した上で、資格を取得した社員のみ資格名も取り出したい場合は、外部結合を使用します（図7-a）。

もしここで内部結合を使用すると、資格を取得した社員しか取り出すことができません。

```
SELECT e.社員番号,e.社員名,e.資格番号,q.資格名
  FROM 社員テーブル e
  LEFT OUTER JOIN 資格テーブル q
    ON e.資格番号 = q.資格番号
```

● 図7-a 外部結合の使用例

SQL文

```
SELECT c.cat_name, b.title, b.author
  FROM category c
  LEFT OUTER JOIN
       books b
    ON
       c.cat_id = b.cat_id;
```

実行結果

```
    cat_name      |        title         |   author
------------------+----------------------+------------
 コンピュータ・IT  | はじめてのSQL         | 佐藤一平
 コミック          | 少年マンガ            | 小林次郎
 地図・旅行ガイド   | 日本のおすすめガイド   | 山本幸三郎
 くらし・料理       | 私の家庭料理          | 四条友子
 コンピュータ・IT  | パソコンを作ってみよう | 五木花子
 ビジネス・経済     | よくわかる経済学       | 六角太郎
 児童・絵本        | うさこの日記          | 藤田七海
 コンピュータ・IT  | やさしいネットワーク   | 田中八郎
 くらし・料理       | 料理をたのしもう       | 九藤幸子
 新書・文庫        | 彼とわたし            | 十文字愛
 就職・資格        |                      |
 教育・受験        |                      |
 文学・評論        |                      |
(13 行)
```

● 図7-18　左側外部結合の実行例

図7-18では、LEFT OUTER JOIN句を使っているため、FROM句の分類(category)テーブルが基準のテーブルとなり、本(books)テーブルを左側外部結合で結合します。

分類番号(cat_id)を結合条件として、書籍名(title)、著者名(author)、分類名(cat_name)を取り出します。

ON句では、分類(category)テーブルの分類番号(c.cat_id)と本(books)テーブルの分類番号(b.cat_id)の値が一致することを結合条件としています。

SELECT句では、分類名(cat_name)、書籍名(title)、著者名(author)を取り出しています。

これで分類(category)テーブルの全レコードと、それに一致する本(books)テーブルのデータが表示されました。

図7-18の実行結果の下3行の書籍名(title)、著者名(author)はNULL(注10)になっています。これが内部結合との違いで、外部結合では一致していない値があっても基準のテーブルにあるレコードは結果として抽出されるのです。

(注10)　NULLについては1-3-3を参照してください。

7-5-4 右側外部結合を実行する

図7-18のSQL文は、右側外部結合に書き換えることも可能です。**図7-19**のように実行すると、図7-18の左側外部結合とまったく同じ結果を得ることができます。

SQL文

```
SELECT c.cat_name, b.title, b.author
  FROM books b
 RIGHT OUTER JOIN
       category c
    ON
       b.cat_id = c.cat_id;
```

実行結果

```
     cat_name     |         title          |   author
------------------+------------------------+------------
 コンピュータ・IT | はじめてのSQL          | 佐藤一平
 コミック         | 少年マンガ             | 小林次郎
 地図・旅行ガイド | 日本のおすすめガイド   | 山本幸三郎
 くらし・料理     | 私の家庭料理           | 四条友子
 コンピュータ・IT | パソコンを作ってみよう | 五木花子
 ビジネス・経済   | よくわかる経済学       | 六角太郎
 児童・絵本       | うさこの日記           | 藤田七海
 コンピュータ・IT | やさしいネットワーク   | 田中八郎
 くらし・料理     | 料理をたのしもう       | 九藤幸子
 新書・文庫       | 彼とわたし             | 十文字愛
 就職・資格       |                        |
 教育・受験       |                        |
 文学・評論       |                        |
(13 行)
```

● **図7-19　右側外部結合の実行例**

図7-18との違いは、RIGHT OUTER JOIN句に分類(category)テーブル、FROM句に本(books)テーブルが定義されていることです。定義するテーブルが逆になっていますが、結合条件は図7-18と同じため、実行結果も同じものとなっています。

7-5-5 左側外部結合を推奨する理由

7-5-1でも述べましたが、基本的には左側外部結合を使うことを推奨します。というのも、テーブルの結合は2つのテーブルだけで行うとは限りません。3つ以上のテーブルを結合することもありえます。

3つ以上のテーブルを結合する場合は、左側のテーブルを基準に結合していくため、それに適した左側外部結合を普段から使うことが推奨されています(**図7-20**)。

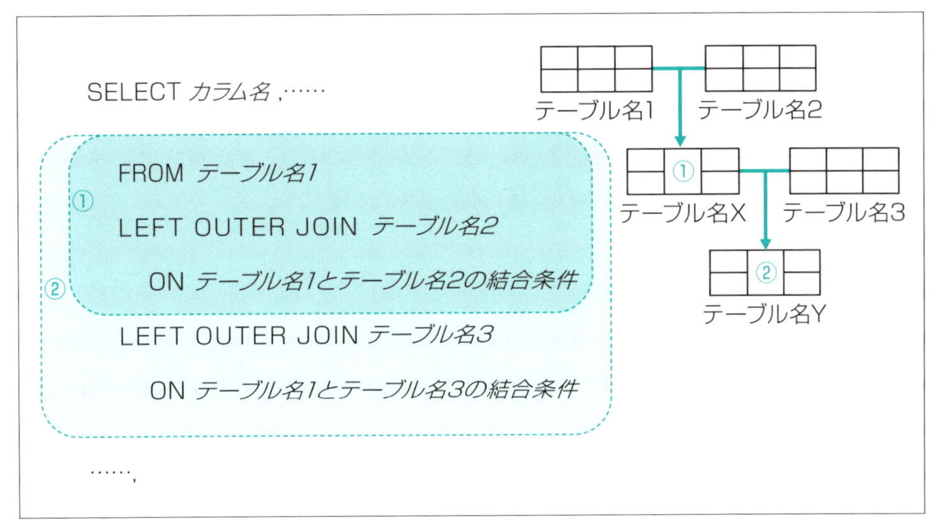

● 図7-20　左側外部結合を推奨する理由

要点整理

✔ **テーブル結合**

別々のテーブル同士を結合して、1つの表として取り出すことである。

✔ **列名の修飾**

SELECT句にカラム名を記述する際「テーブル名.カラム名」のように、どのテーブルにあるカラムかを指定することである。

✔ **テーブル別名**

FROM句で長いテーブル名の代わりに付けられる別名である。テーブル別名を使って、列名を修飾することもできる。

✔ **直積結合（CROSS JOIN）**

各テーブルのすべてのレコードの組み合わせを取り出すことができる。

✔ **WHERE結合**

結合条件に一致するレコードのみを取り出す。WHERE句にテーブルを結合するための条件を指定する。

✔ **内部結合（INNER JOIN）**

結合条件に一致するレコードのみを取り出す。2つ目以降のテーブルをINNER JOIN句に記述し、ON句にテーブルを結合するための条件を指定する。

✔ **外部結合（OUTER JOIN）**

結合条件に一致するレコードに加え、どちらか一方についてはすべてのレコードを取り出すことができる。外部結合にはLEFT OUTER JOIN（左側外部結合）とRIGHT OUTER JOIN（右側外部結合）の2通りがある。

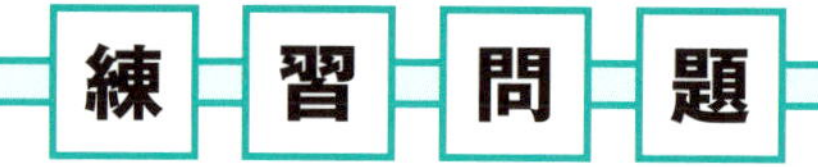

問題1　「t_order」テーブルと「t_item」テーブルの商品番号が一致するレコードを抽出した結果、以下のデータが取得されました。どのようなSQL文を実行すればよいか、「WHERE結合」を使用したSQL文を作成してください。

```
 item_no | item_name | amount
---------+-----------+--------
    1001 | ミカン     |   3600
    1003 | バナナ     |   2400
    1004 | メロン     |   5000
    1001 | ミカン     |   3000
    1001 | ミカン     |   5400
```

問題2　練習問題1のSQL文を、内部結合（INNER JOIN）に書き換えて抽出してください。

問題3　「t_item」テーブルに対し、「t_order」テーブルを左側外部結合（LEFT OUTER JOIN）で結合してレコードを抽出してください。その際、「t_item」テーブルと「t_order」テーブルのすべてのカラムを抽出してください。

問題4　練習問題3の抽出結果において、「item_no」が「1002」のレコードにNULL値が含まれているのはなぜでしょうか。

Appendix

本Appendixでは、Chapterでは扱っていない重要なSQL操作について、その使い方をリファレンスとしてまとめています。また、各項目では、学習用データベースをSQL文で作成する手順を利用例として紹介しています。なお、実行環境はpsqlとなりますので注意してください。

A-1 データベースの作成・削除・情報の確認

本節では、データベースの作成や削除、情報の確認で使用するSQL文、コマンドについて説明します。

A-1-1 データベースを作成する

```
CREATE DATABASE データベース名;
```

データベースを作成するには、CREATE DATABASE文を使用します。

● 利用例

psqlはすべて初期設定でログイン（postgresデータベースに接続）した前提で説明を進めていきます。

本書で使用するデータベース「bookstore」を作成する場合は、図A-1のように実行します。「CREATE DATABASE」と表示されたらデータベースが作成されています。

psql

```
postgres=# CREATE DATABASE bookstore;
```

実行結果

```
CREATE DATABASE
```

● 図A-1　データベースを作成する

また、Chapter3の学習用データの取り込みによって、すでにbookstoreデータベースを作成している場合は、図A-2のメッセージが表示されます。CREATE DATABASE文を実行するには、A-1-2のDROP DATABASE文を実行しておく必要があります。

psql

```
postgres=# CREATE DATABASE bookstore;
```

実行結果

```
ERROR:  データベース"bookstore"はすでに存在します
```

● 図A-2　同じ名前のデータベースがすでに存在する場合

A-1-2 データベースを削除する

```
DROP DATABASE データベース名;
```

データベースを削除するには、DROP DATABASE文を使用します。データベースを削除すると、テーブルなどもすべて削除されます。非常に危険なSQL文ですので、本当にデータベースが不要になった場合のみ実行するように気を付けてください。

● 利用例

import.sqlで作成したbookstoreデータベースを削除するには、図A-3のように実行します。

psql

```
postgres=# DROP DATABASE bookstore;
```

実行結果

```
DROP DATABASE
```

● 図A-3　データベースを削除する

A-1-3 データベース情報を確認する

```
¥l
```

データベース情報は、実際にデータベースへ接続することで確認できますが、¥l(小文字のエル)コマンドですべてのデータベースの情報を確認できます。データベースの作成もしくは削除などを行ったあとは、このコマンドで現在の状態を確認するようにしましょう。

● 利用例

Chapter3でimport.sqlを実行後、¥lコマンドで確認したのが図A-4です。

psql

```
postgres=# ¥l
```

実行結果

```
   名前    |  所有者  | エンコーディング |      照合順序      |  Ctype(変換演算子)  |      アクセス権
-----------+----------+------------------+--------------------+---------------------+-----------------------
 bookstore | postgres | UTF8             | Japanese_Japan.932 | Japanese_Japan.932 |
 postgres  | postgres | UTF8             | Japanese_Japan.932 | Japanese_Japan.932 |
 template0 | postgres | UTF8             | Japanese_Japan.932 | Japanese_Japan.932 | =c/postgres          +
           |          |                  |                    |                    | postgres=CTc/postgres
 template1 | postgres | UTF8             | Japanese_Japan.932 | Japanese_Japan.932 | =c/postgres          +
           |          |                  |                    |                    | postgres=CTc/postgres
```

● 図A-4　データベース一覧を表示する

bookstoreデータベースが作成されたことが確認できました。

「名前」というカラム(列)にはデータベース名が表示されます。bookstoreデータベース以外にもデータベースがいくつかありますが、これらはPostgreSQLのインストール時に自動で作成されたものです。

「所有者」はデータベースを作成したユーザ名が表示されます。「postgres」は初期設定のユーザです。

A-1-4 別のデータベースに接続する

¥c データベース名

別のデータベースに接続を切り替える場合は、¥cコマンドを実行します。

● 利用例

テーブルを作成するのはbookstoreデータベースですが、現在接続しているのはpostgresデータベースですので、接続するデータベースを切り替える必要があります(**図A-5**)。

psql

```
postgres=# ¥c bookstore
```

実行結果

```
データベース "bookstore" にユーザ"postgres"として接続しました。
bookstore=#
```

● 図A-5　bookstoreデータベースに接続を切り替える

psqlのプロンプト「postgres=#」が「bookstore=#」に変更されています。これでデータベースの切り替えは完了です。

ただし、この時点ではデータベースが作成されているだけです。レコードを格納するテーブルが存在しないため、A-2でテーブルの作成も必要です(図A-6)。

psql

```
bookstore=# ¥d
```

実行結果

```
リレーションがありません。
```

● 図A-6　テーブルが存在しない場合

A-2 テーブルの作成・削除・情報の確認

本節では、テーブルの作成や削除、情報の確認で使用するSQL文、コマンドについて説明します。

A-2-1 テーブルを作成する

```
CREATE TABLE テーブル名 (
             カラム名1 データ型1 カラム制約1,
             カラム名2 データ型2 カラム制約2,
             カラム名3 データ型3 カラム制約3
             ......
);
```

データベースを作成したあとは、レコード(データ)を格納するテーブルを作成する必要があります。テーブルを作成するには、CREATE TABLE文を実行します。

CREATE TABLE文のあとにはテーブル名を指定し、「( )」の中にカラム名を記述していきます。複数のカラムを定義する場合は、1つのカラム定義が終わったあとに「,」を入れて、次のカラムの定義に移ります。

カラムごとの定義は、データ型(A-3参照)を指定し、必要な場合は制約(A-4参照)を指定します。

● 利用例

それでは実際に本書で使用する分類(category)テーブルと本(books)テーブルを作

成してみましょう。

まず、それぞれのテーブルの定義を確認します(表A-1、表A-2)。データ型についてはA-3、制約についてはA-4を参照してください。

● 表A-1　categoryテーブルの定義

カラム名	説明	データ型	カラム制約
cat_id	分類番号	integer	PRIMARY KEY制約
cat_name	分類名	varchar(30)	なし

● 表A-2　bookstoreテーブルの定義

カラム名	説明	データ型	カラム制約
book_id	図書番号	integer	PRIMARY KEY制約
title	書籍名	varchar(100)	NOT NULL制約
author	著者名	varchar(50)	NOT NULL制約
date	出版年月日	date	なし
cat_id	分類	integer	FOREIGN KEY制約
price	価格	integer	CHECK制約
stock	在庫数	integer	なし

図A-7と図A-8では、表A-1、表A-2の定義をもとにテーブルを作成しています。なお、必ず図A-8より先に図A-7を実行してください。

psql

```
bookstore=# CREATE TABLE category (
                        cat_id integer PRIMARY KEY,
                        cat_name varchar(30)
                        );
```

実行結果

```
CREATE TABLE
```

● 図A-7　categoryテーブルを作成する

psql

```
bookstore=# CREATE TABLE books (
                    book_id integer PRIMARY KEY,
                    title varchar(100) NOT NULL,
                    author varchar(50) NOT NULL,
                    date date,
                    cat_id integer REFERENCES category(cat_id),
                    price integer CHECK(price > 0),
                    stock integer DEFAULT 0
                    );
```

実行結果

```
CREATE TABLE
```

● 図A-8　bookstoreテーブルを作成する

「CREATE TABLE」と表示されたらテーブルが作成されています。実際にテーブルが作成されているかを確認するには、A-2-3で説明する¥dコマンドを実行する必要があります。

A-2-2 テーブルを削除する

DROP TABLE *テーブル名*;

テーブルを削除するにはDROP TABLE文を実行します。A-1-2のデータベースの削除と同様に、テーブルを削除すると格納していたデータはすべて消えてしまい、一度削除したデータを戻すことはできません(注1)。

A-2-3 テーブル情報を確認する

¥d

データベース内にあるテーブルの情報を確認するには、¥dコマンドを実行します。

●利用例

A-2-1でテーブルが作成されているかを確認してみましょう(図A-9)。

(注1)　削除したテーブル名と同じ名前のテーブルを再度作成することは可能です。

psql

```
¥d
```

実行結果

```
               リレーションの一覧
 スキーマ  |   名前    |   型    |  所有者
----------+----------+--------+----------
 public   | books    | テーブル | postgres
 public   | category | テーブル | postgres
```

● 図A-9 テーブル情報を確認する

図A-9のように「名前」にcategoryとbooksが表示されていれば、無事テーブルは作成されています。

ここまでの操作でcategoryテーブル、booksテーブルが作成されました。ただし、テーブルにはまだレコードが入っていません。Chapter6で学習したINSERT文を使って、自由にデータを挿入してみると良いでしょう(注2)。

A-2-4 ネーミングのルール

テーブル名やカラム名のネーミングには、次のようなルールがあります。

- 文字で開始する必要がある(数字で開始してはいけない)
- 半角英数字、記号「_(アンダースコア)」が使用可能である
- 予約語(注3)は使用できない。
- 一意なテーブル名、同一テーブル内では一意なカラム名でなければならない
- 日本語環境においては、漢字、ひらがな、カタカナの使用も可能である

上記のルールを守れば、どのような名前でも付けることが可能です。ただし、適当にデータベース名やテーブル名を付けてしまうと、あとからそれがどのような内容かわからなくなってしまいます。ですので、名前を見ただけでどのような内容のデータベースやテーブルなのか、認識できるようにしておきましょう。

(注2) Chapter3「学習用のデータの取り込み」のimport.sqlを実行すると、本書学習データベースのデータを取り込めます。

(注3) 「SELECT」や「TABLE」など、SQLの仕様上特別な意味を持ったキーワードのことです。

A-3 データ型

A-3-1 データ型とは

データベースでは、さまざまな種類のデータを扱うことができます。それらのデータをテーブルに格納する際、どのような種類なのか、またどのようなデータの性質と大きさ（長さ）なのかなどを定義したのが**データ型**です。

本書で使用した本（books）テーブルで確認してみましょう（図A-10）。

psql

```
bookstore=# SELECT * FROM books;
```

実行結果

```
 book_id |        title         |  author    |    date    | cat_id | price | stock
---------+----------------------+------------+------------+--------+-------+-------
   10001 | はじめてのSQL        | 佐藤一平   | 2016-08-30 |      4 |  2200 |    15
   10002 | 少年マンガ           | 小林次郎   | 2017-03-10 |      8 |   600 |    20
   10003 | 日本のおすすめガイド | 山本幸三郎 | 2016-01-21 |     10 |  1200 |     7
   10004 | 私の家庭料理         | 四条友子   | 2016-05-15 |      9 |  1000 |
   10005 | パソコンを作ってみよう | 五木花子 | 2016-11-23 |      4 |  1600 |     5
   10006 | よくわかる経済学     | 六角太郎   | 2017-01-20 |      3 |  1600 |    10
   10007 | うさこの日記         | 藤田七海   | 2017-02-25 |      7 |   700 |    18
   10008 | やさしいネットワーク | 田中八郎   | 2016-10-22 |      4 |  2100 |    12
   10009 | 料理をたのしもう     | 九藤幸子   | 2016-01-15 |      9 |  1300 |     3
   10010 | 彼とわたし           | 十文字愛   | 2017-02-16 |      2 |  1000 |     8
(10 行)
```

● **図A-10　本（books）テーブルの内容**

図A-10では、図書番号（book_id）に数値、書籍名（title）に文字列、出版年月日（date）に日付が入っており、カラムごとに統一性のあるデータ（文字列、数値、日付など）が格納されていることがわかります。

これによってそのカラムに入るデータを決めることができ、例えば出版年月日（date）に文字列である著者名を入れないようにすることができるのです。

A-2-1でテーブルを作成しましたが、このとき各カラムにデータ型を指定する必要があります。

次に主なデータ型について見ていきましょう。

A-3-2 文字型

文字型では、値を指定する際に「'（シングルクォーテーション）」で囲みます。

CHAR型

CHAR（キャラ）型は文字型の1つで、文字を保存するためのデータ型です。

「**CHAR(20)**」のように記述し、カッコの中にはデータの桁数（何文字格納できるか）を指定します。ここで指定した桁数を超えた文字列は保存できません。

CHAR型は、指定した桁数に満たない部分に空白を格納する**固定長文字列**です。例えば、10文字格納できるように指定したカラムがあるとします。

```
CHAR(10)
```

このカラムに「'あいうえお'」と入力した場合、実際には「'あいうえお　　　　　'」と空白が5文字入ります。つまりCHAR型で指定した場合は、その大きさは必ず決められており、指定した桁数に満たない部分については空白を格納されます。

VARCHAR型

VARCHAR（バーキャラ）型は文字型の1つで、文字を保存するためのデータ型です。

「**VARCHAR(20)**」のように表記し、カッコの中にはデータの桁数（何文字格納できるか）を指定します。ここで指定した桁数を超えた文字列は保存できません。

VARCHAR型は、指定した桁数に満たない場合でも空白を格納しない**可変長文字列**です。例えば、CHAR型と同様、10文字格納できるように指定したカラムがあるとします。

```
VARCHAR(10)
```

このカラムに「'あいうえお'」と入力した場合、CHAR型とは異なり「'あいうえお'」とそのまま5文字が入ります。つまりVARCHAR型で指定した場合は、その文字列に応じて大きさは変わるのです。

A-3-3 数値型

INTEGER型

INTEGER（インテジャー）型は数値型の1つで、整数を保存するためのデータ型です。

「10001」や「-10001」のような整数を入れることはできますが、「100.01」のような小数を入れることはできません。

A-3-4 日付型

日付型では、値を指定する際に「'(シングルクォーテーション)」で囲みます。

● DATE型

DATE(デイト)型は日付型の1つで、日付(年月日)を保存するためのデータ型です。

日付の入力は、いくつかの書き方があります。例えば、「2016年1月1日」と入力する場合、以下の3通りの書き方で指定することが可能です。

- '20160101'
- '160101'
- '2016-01-01'

A-4 制約

A-4-1 制約とは

制約とは、テーブルに無効なデータを挿入させないために、データの条件などをカラムに設定するしくみです。主な制約として**表A-3**の種類があります。

● **表A-3 主な制約の種類**

制約	説明
PRIMARY KEY(プライマリーキー)	日本語で主キーという。テーブル内のレコードを一意に識別する(NOT NULLでなおかつUNIQUE)
FOREIGN KEY(フォーリンキー)	日本語で外部キーという。参照先に存在する値、またはNULLでなければならない
NOT NULL(ノットヌル)	NULL値の入力を許さない(必須入力項目)
UNIQUE(ユニーク)	重複値の入力を許さない(一意な値)
CHECK(チェック)	指定した条件を満たす値でなければならない

制約は**A-3-1**のデータ型と同様、テーブルを作成するときに一緒に定義する必要があります。

制約の定義

```
CREATE TABLE テーブル名 (
             カラム定義 制約,
             カラム定義……
             );
```

制約を定義する際は、カラム定義の後ろに制約を記述します。A-2-1で出てきた図A-8で制約を確認しましょう(図A-11)。

```
CREATE TABLE books (
             book_id integer PRIMARY KEY,
             title varchar(100) NOT NULL,
             author varchar(50) NOT NULL,
             date date,
             cat_id integer REFERENCES category(cat_id),
             price integer CHECK(price > 0),
             stock integer DEFAULT 0
             );
```

● 図A-11　制約の定義(図A-8と同じSQL文)

本(books)テーブルには5つの制約が設けられています。図書番号(book_id)には**PRIMARY KEY制約**、書籍名(title)と著者名(author)には**NOT NULL制約**、分類番号(cat_id)には**FOREIGN KEY制約**、価格(price)には**CHECK制約**です。1つずつ確認していきましょう。

図書番号(book_id)は本(books)テーブルにおいて、1つのレコードを識別するための番号となっています。そのため、1つの番号で検索したときに複数行が取り出されることはなく、必ず1つの番号に対して1件分のレコードが取り出されます。つまり、**NULLは許されず、かつ重複も許されない(UNIQUE)**カラムとしてPRIMARY KEY制約が指定されています(図A-12)。

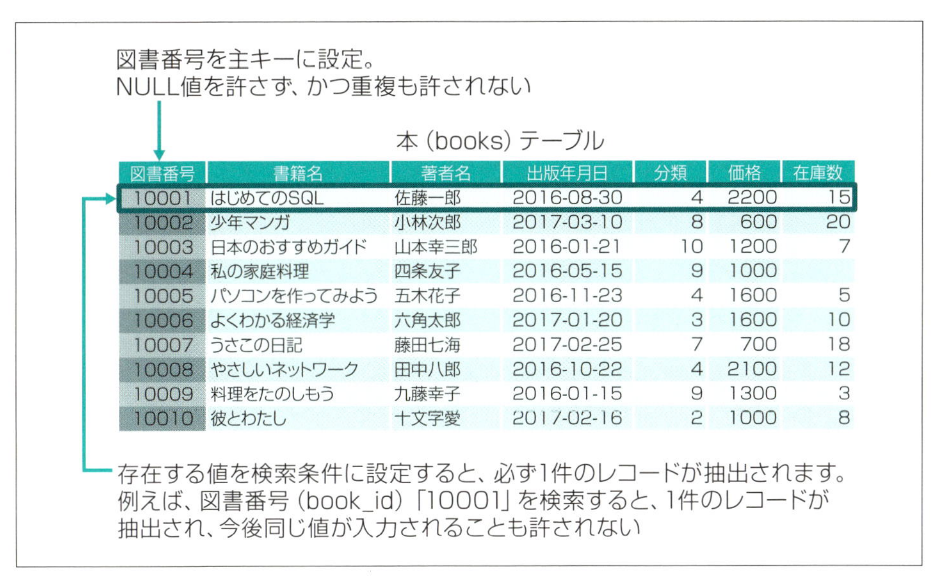

図書番号	書籍名	著者名	出版年月日	分類	価格	在庫数
10001	はじめてのSQL	佐藤一郎	2016-08-30	4	2200	15
10002	少年マンガ	小林次郎	2017-03-10	8	600	20
10003	日本のおすすめガイド	山本幸三郎	2016-01-21	10	1200	7
10004	私の家庭料理	四条友子	2016-05-15	9	1000	
10005	パソコンを作ってみよう	五木花子	2016-11-23	4	1600	5
10006	よくわかる経済学	六角太郎	2017-01-20	3	1600	10
10007	うさこの日記	藤田七海	2017-02-25	7	700	18
10008	やさしいネットワーク	田中八郎	2016-10-22	4	2100	12
10009	料理をたのしもう	九藤幸子	2016-01-15	9	1300	3
10010	彼とわたし	十文字愛	2017-02-16	2	1000	8

● **図A-12　PRIMARY KEY制約**

Appendix

書籍名（title）と著者名（author）は、必ずデータが入っていなければいけない必須項目で、**NULLが許されない**カラムということで、NOT NULL制約が指定されています。

分類番号（cat_id）は、他テーブルである分類（category）テーブルの分類番号（cat_id）を参照（REFERENCES）します。分類（category）テーブルの分類番号（cat_id）、つまり**参照先に登録されている番号（ただしNULLは可）しか許されない**カラムとして**FOREIGN KEY制約**が指定されています（図A-13）。

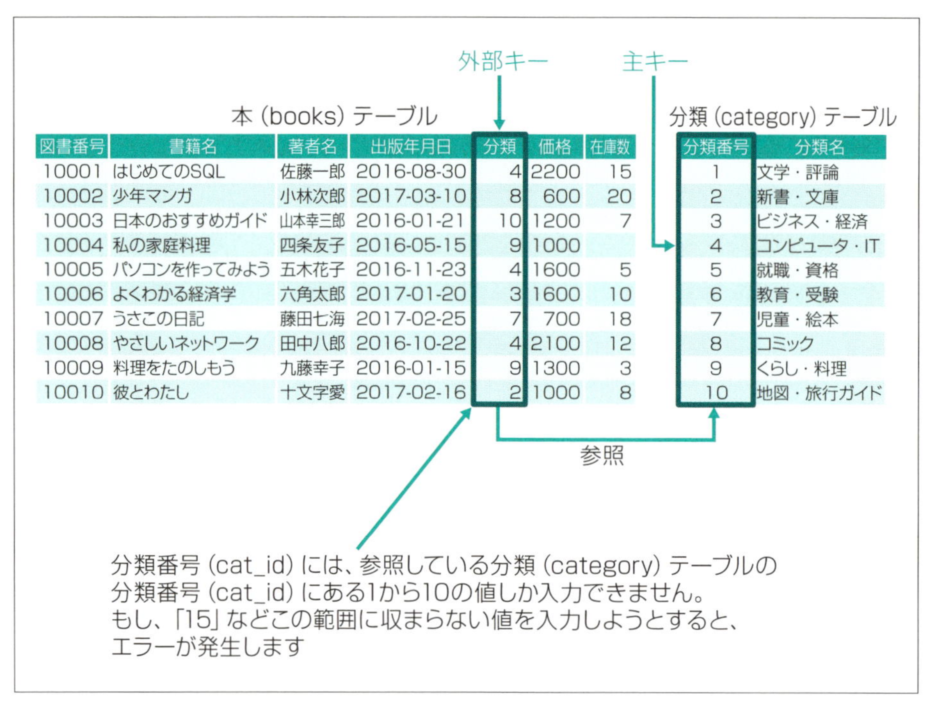

図書番号	書籍名	著者名	出版年月日	分類	価格	在庫数
10001	はじめてのSQL	佐藤一郎	2016-08-30	4	2200	15
10002	少年マンガ	小林次郎	2017-03-10	8	600	20
10003	日本のおすすめガイド	山本幸三郎	2016-01-21	10	1200	7
10004	私の家庭料理	四条友子	2016-05-15	9	1000	
10005	パソコンを作ってみよう	五木花子	2016-11-23	4	1600	5
10006	よくわかる経済学	六角太郎	2017-01-20	3	1600	10
10007	うさこの日記	藤田七海	2017-02-25	7	700	18
10008	やさしいネットワーク	田中八郎	2016-10-22	4	2100	12
10009	料理をたのしもう	九藤幸子	2016-01-15	9	1300	3
10010	彼とわたし	十文字愛	2017-02-16	2	1000	8

分類番号	分類名
1	文学・評論
2	新書・文庫
3	ビジネス・経済
4	コンピュータ・IT
5	就職・資格
6	教育・受験
7	児童・絵本
8	コミック
9	くらし・料理
10	地図・旅行ガイド

● **図A-13　FOREIGN KEY制約**

また、価格（price）は、0円以下の金額が入ることは考えづらいことから、必ず1以上の値が入力されるよう、「0より大きい」という条件で、CHECK制約が設定されています。

索引

記号・数字

A—M

N―W

あ行

か行

さ行

た行

な行

は行

ま行

や行

ら行

著者プロフィール

三村 かよこ（みむら かよこ）

埼玉県出身の２児の母。Web サービスを提供する IT 企業で、インフラエンジニアとしての業務経験を重ね、現在は株式会社フルネスで IT 講師として従事。インフラ領域である Linux、DB、SQL、AWS、Cisco などの研修を担当している。

デザイン・装丁 ● 吉村 朋子
本文イラスト ● リンクアップ
レイアウト ● リンクアップ
編集 ● 春原 正彦

■サポートホームページ
本書の内容について、弊社ホームページでサポート情報を公開しています。
http://gihyo.jp/book/

ゼロからわかるSQL超入門

2017年10月25日　初　版　第1刷発行

著　者　三村　かよこ
発行者　片岡　巌
発行所　株式会社技術評論社
東京都新宿区市谷左内町21-13
電話　03-3513-6150　販売促進部
03-3513-6160　書籍編集部
製本／印刷　図書印刷株式会社

定価はカバーに印刷してあります

ISBN978-4-7741-9258-1　C3055
Printed in Japan

■お問い合わせについて
ご質問は本書の記載内容に関するものに限定させていただきます。本書の内容と関係のない事項、個別のケースへの対応、プログラムの改造や改良などに関するご質問には一切お答えできません。なお、電話でのご質問は受け付けておりませんので、FAX・書面・弊社Webサイトの質問用フォームのいずれかをご利用ください。ご質問の際には書名・該当ページ・返信先・ご質問内容を明記していただくようお願いします。
ご質問にはできる限り迅速に回答するよう努力しておりますが、内容によっては回答までに日数を要する場合があります。回答の期日や時間を指定しても、ご希望に沿えるとは限りませんので、あらかじめご了承ください。

●問い合わせ先
〒162-0846　東京都新宿区市谷左内町21-13
株式会社技術評論社　書籍編集部
「ゼロからわかるSQL超入門」質問係
FAX番号　03-3513-6167

なお、ご質問の際に記載いただいた個人情報は、ご質問の返答以外の目的には使用いたしません。また、返答後は速やかに破棄させていただきます。

ゼロからわかるSQL超入門

解答・解説集

・この解答・解説集は、Chapter1～7の各章末の練習問題の解答です。
・薄く糊付けしてありますが、本書から取り外して使用することが可能です。

Chapter1　練習問題　P.30

問題1

答え ③（ツリー型データベース）

解説

（1-2-2参照）

①ネットワーク型データベースは、データ同士が網の目のような構造を持つデータベースです。データは複数の親データと複数の子データを持つことができます。

②XML型ベータベースは、XML（Extensible Markup Language）という言語で表現した文書やデータをそのまま階層構造で格納したデータベースです。格納するデータに応じてタグを設定し、それによって自由にデータの検索や抽出を行えるのが特徴です。

④オブジェクト型データベースは、オブジェクト指向プログラミングで使用するオブジェクトの概念を取り入れたデータベースです。データそのものと、そのデータの処理方法を1つの「オブジェクト」としてデータベースに格納します。

問題2

答え ④（データの集まりを表形式で表現する。）

解説

（1-3-1参照）

リレーショナルデータベースは、データを表形式で表現し、複数の表がそれぞれ共通した項目の値で関連付けられているということが特徴です。その関連のことをリレーションシップといいます。

①データとデータの処理方法を，ひとまとめにしたオブジェクトとして表現するオブジェクト型データベースの説明です。

②データ同士の関係を網の目のようにつながった状態で表現するネットワーク型データベースの説明です。

③データ同士の関係を木構造で表現するツリー型データベースの説明です。

問題3

答え ③（排他制御）

解説

（1-1-3参照）

データベースの必要性として、DBMSの機能を問う問題でした。③以外はDBMSの機能ではありません。

①正規化は、データベースを構築する際に、データをより効率的に、無駄なく管理できるように、テーブルの構造を改良していくことです。

②デッドロックは、2人以上のユーザが他方が必要とするデータを互いにロックし、そこから先へ処理が進まなくなってしまうことです。

④リストアは、バックアップされたデータを用いて、データを元の状態に戻すことです。

問題4

答え a：レコード
b：カラム
c：セル
d：NULL（ヌル）

解説

（1-3-3参照）

これらの要素は本書でもよく出てきますので、きちんと理解しておきましょう。

Chapter2　練習問題　P.40

問題1

答え ②（Linux）

解説

（2-1-2参照）

SQLは、RDBMSにおいて、データベースにデータを書き込んだり、データを取り出したりする操作を行うために使用する言語です。①PostgreSQL、③Oracle、④DB2はどれもRDBMS製品であるためSQLを使用しますが、②のLinuxはOS（オペレーティングシステム）の種類の1つであるため、SQLは使用しません。

問題2

答え ②（INSERT）、③（UPDATE）

解説

（2-2参照）

DMLはテーブルに格納されているデータの更新、削除、追加、問い合わせ（検索）を行うSQLの分類です。

②（INSERT）はレコードを追加するSQL、③（UPDATE）は値を更新するSQLとしてDML（Data Manipulation Language）に分類されます。

①（CREATE）は、新規の表（テーブル）を作成するSQLとしてDDL（Data Definition Language）に分類されます。

④（GRANT）はデータベースへのアクセス権限を付与するSQLとしてDCL（Data Control Language）に分類されます。

問題3

答え ①【×】

②【○】

③【×】

④【○】

解説

（2-3参照）

①SQL文では半角を使用してください。ただし、日本語をサポートするデータベースでは全角文字を使えることもあります。

②SQL文では大文字と小文字は区別されません。「FROM」も「From」も同じとして判断されます。

③SQL文の最後には必ず「;（セミコロン）」を付ける必要があります。

④単語と単語の間には、半角スペースもしくは改行を入れる必要があります。例えば、psqlで以下の2通りでSQL文を書いても、同じように実行されます。

psql

```
bookstore=# SELECT * FROM books;
```

psql

```
bookstore=# Select
bookstore-# *
bookstore-# From
bookstore-# books;
```

Chapter3　練習問題　P.60

問題1

答え　a：postgres

b：psql

c：¥q

解説

（3-2-2参照）

psqlによるPostgreSQLへのログインと終了方法を説明しています。

問題2

答え　テーブル一覧を表示するためのコマンド

解説

（3-2-4参照）

学習用データ（import.sql）を取り込んだあとにbookstoreデータベースに接続し、「¥d」コマンドを実行すると、以下の結果が出力されます。

実行結果

```
 スキーマ  |   名前    |    型     |  所有者
----------+----------+----------+----------
 public   | books    | テーブル  | postgres
 public   | category | テーブル  | postgres
 public   | sample   | テーブル  | postgres
```

問題3

答え　解説に示した手順で練習問題用のデータ（practice.sql）を取り込むことができます。

解説

（3-2-3参照）

①psqlを起動してpostgresデータベースにログインします。

②以下のコマンドを実行し、「practice.sql」ファイルを読み込みます。

psql

```
postgres=# ¥i 'C:¥¥zerosql¥¥practice.sql'
```

③再度psqlを起動し、practiceデータベースに接続します。psqlを閉じずに、postgresデータベースからpracticeデータベースに切り替える場合は「¥c practice」を実行します。

④「¥d」コマンドを実行し、「t_item」と「t_order」テーブルが表示されていることを確認します。

実行結果

```
            リレーションの一覧
 スキーマ   |  名前    |    型     |  所有者
----------+---------+----------+----------
 public   | t_item  | テーブル    | postgres
 public   | t_order | テーブル    | postgres
(2 行)
```

⑤SELECT文を実行し、各テーブルにデータが格納されていることを確認します。

●t_itemテーブル

SQL文

```
SELECT * FROM t_item;
```

実行結果

```
 item_no | item_name | price
---------+-----------+-------
    1001 | ミカン      |   120
    1002 | リンゴ      |    90
    1003 | バナナ      |   120
    1004 | メロン      |   500
(4 行)
```

●t_orderテーブル

SQL文

```
SELECT * FROM t_order;
```

実行結果

```
 order_no | item_no | quantity | amount | delivery_date
----------+---------+----------+--------+---------------
        1 |    1001 |       30 |   3600 | 2017-04-25
        2 |    1003 |       20 |   2400 | 2017-04-19
        3 |    1001 |       45 |   5400 |
        4 |    1004 |       10 |   5000 | 2017-04-30
        5 |    1001 |       25 |   3000 | 2017-05-08
(5 行)
```

Chapter4　練習問題　P.94

問題1

答え

SQL文

```
SELECT * FROM t_order;
```

実行結果

```
 order_no | item_no | quantity | amount | delivery_date
----------+---------+----------+--------+---------------
        1 |    1001 |       30 |   3600 | 2017-04-25
        2 |    1003 |       20 |   2400 | 2017-04-19
        3 |    1001 |       45 |   5400 |
        4 |    1004 |       10 |   5000 | 2017-04-30
        5 |    1001 |       25 |   3000 | 2017-05-08
```

解説

（4-1-2参照）

SELECT句には、「*」の代わりに、すべてのカラムを記述することも可能です。SELECT句にすべてのカラム名を記述する場合は、「¥d t_order」コマンドを実行し、「t_order」テーブルに定義されているカラム名を確認しましょう。

問題2

答え　①（SELECT order_no AS 注文番号, amount AS 金額 FROM t_order;）

解説

（4-1-4参照）

「t_order」テーブルのorder_noとamountを抽出するSELECT文を実行します。カラム名に日本語名が表示されていますので、AS句を使用してカラムに別名を付けます。

問題3

答え

SQL文

```
SELECT order_no, quantity + 10 AS quantityにプラス10
  FROM t_order
 WHERE quantity + 10 >= 40;
```

解説

（4-3参照）

SELECT句とWHERE句に演算を使用する問題です。SELECT句に演算を使用するだけでなく、検索条件にも「quantity + 10」と演算を使用し、検索条件である40以上「>=40」と比較しています。SELECT句の演算を使用したカラムには、AS句を使用して「quantityにプラス10」と別名を付けます。

問題4

答え ③(%ン%)

SQL文

```
SELECT * FROM t_item
 WHERE item_name LIKE '%ン%';
```

実行結果

```
 item_no | item_name | price
---------+-----------+-------
    1001 | ミカン     |   120
    1002 | リンゴ     |    90
    1004 | メロン     |   500
```

解説

(4-3-3参照)

item_nameに「ン」を含むという、部分一致検索の問題です。あいまい検索を行うにはワイルドカードの記号である「%(パーセント)」か「_(アンダースコア)」を使用しますが、今回の問題では、「ン」の前後の文字数が指定されていないため、任意の文字列を表す「%」を使用します。「ン」の両側に「%」を記述することで、item_nameに「ン」を含むレコードが抽出されます。

①%ンは後方一致検索であり、item_nameが「ン」で終わるレコードが抽出されます。

②ン%は前方一致検索であり、item_nameが「ン」で始まるレコードが抽出されます。

④ンはitem_nameが「ン」の場合にレコードが抽出されます。

問題5

答え ①(SELECT * FROM t_order ORDER BY item_no, delivery_date DESC;)

④(SELECT * FROM t_order ORDER BY item_no ASC, delivery_date DESC;)

解説

(4-4参照)

並べ替えを指定するキーワードは、「ASC」と「DESC」の2種類です。「ASC」は昇順、「DESC」は降順に並べ替えることができます。最初にitem_noを昇順に並べ替え、item_noが同じ場合はdelivery_dateの降順に並べ替えます。④はitem_noに「ASC」を指定していますが、「ASC」は省略可能なので、④も正解です。

Chapter5　練習問題　P.113

問題1

答え　②(SELECT AVG(amount) FROM t_order;)

実行結果

```
          avg
-----------------------
 3880.0000000000000000
```

解説

(5-1-1 参照)

集約関数の「AVG(アベレージ)」関数を使用する問題です。amountの平均値を求めるので、SELECT句でAVG関数を使用します。①は最大値、③は合計値、④は最小値を求める関数です。

問題2

答え

SQL文

```
SELECT MAX(amount) AS amountの最大値
  FROM t_order;
```

解説

(5-1-1 参照)

集約関数の「MAX(マックス)」関数を使用する問題です。amountの最大値を求めるので、SELECT句でMAX関数を使用します。

問題3

答え

SQL文

```
SELECT MIN(price) AS priceの最小値
  FROM t_item;
```

解説

(5-1-1 参照)

集約関数の「MIN(ミン)」関数を使用する問題です。priceの最小値を求めるので、SELECT句でMIN関数を使用します。

問題4

答え 3が抽出される

解説

(5-1-1参照)

集約関数の「COUNT(カウント)」関数を使用する問題ですが、ポイントはDISTINCTを使用して、重複値を除いたitem_noの件数を計算しているということです。この結果から、t_orderテーブルのitem_noの値は、3種類であることがわかります。

問題5

答え

SQL文

```
SELECT order_no AS 注文番号, TO_CHAR(delivery_date,'MM/DD') AS 納期
  FROM t_order
 WHERE delivery_date IS NOT NULL;
```

解説

(5-2参照)

SELECT句で変換関数を使用する問題です。delivery_dateの表示指定がありますので、「TO_CHAR」関数を使用して、日付を文字列に変換します。また、検索条件はdelivery_dateが「NULL以外」であるため、「IS NOT NULL」を使用します。NULLを検索条件に指定する際、「<>」は使用できません。「<> NULL」では正しいレコードが抽出されませんので、NULLの扱いには注意が必要です。

問題6

答え

SQL文

```
SELECT item_no AS 商品番号 ,SUM(amount) AS 合計金額
  FROM t_order
 GROUP BY item_no;
```

解説

(5-1-1参照)

集約関数の「SUM(サム)」関数を使用し、グループ化を行う問題です。「item_noごとに」という指示があるので、SELECT句とGROUP BY句でitem_noを指定します。

問題7

答え

SQL文

```
SELECT item_no, COUNT(*)
  FROM t_order
 GROUP BY item_no;
```

実行結果

```
 item_no | count
---------+-------
    1004 |     1
    1001 |     3
    1003 |     1
```

解説

（5-1参照）

集約関数の「COUNT（カウント）」関数を使用し、グループ化を行う問題です。レコード数を抽出するということは、レコードが何件あるかを数えるため、COUNT関数を使用します。COUNT関数の()の中は、「*」以外でも、「order_no」などのカラム名でもかまいませんが、NULL値が含まれると正しい件数を数えることができないため、NULL値を含まないカラムを指定する必要があります。

問題8

答え

SQL文

```
SELECT item_no AS 商品番号, SUM(quantity) AS 数量の合計
  FROM t_order
 GROUP BY item_no
HAVING SUM(quantity) <= 50;
```

実行結果

```
  商品番号  | 数量の合計
----------+------------
     1004 |         10
     1003 |         20
```

解説

（5-4参照）

WHERE句に集約関数を使用することができないため、エラーになってしまいました。グループ化を行った後に検索条件によって絞り込みを行う場合は、HAVING句を使用します。

Chapter6　練習問題　P.132

問題1

答え

SQL文

```
INSERT INTO t_item(item_no, item_name, price)
VALUES (1005,'イチゴ', 300);
```

解説

(6-1-3参照)

INSERT文を作成し、「t_item」テーブルにレコードを追加する問題です。問題文の指示により、INTO句のt_itemの後ろにはカラム名の指定(列名リスト)が必要です。カラム名の順番に決まりはありませんが、列名リストに記述する順番と、VALUES句に記述する値(値リスト)の順番は、一致していなくてはなりません。

問題2

答え

SQL文

```
INSERT INTO t_order
VALUES (6, 1005, 25, 7500, '2016-05-25');
```

解説

(6-1-4参照)

INSERT文を作成し、「t_order」テーブルにレコードを追加する問題です。問題文の指示により、INTO句のカラム名の指定(列名リスト)は省略します。列名リストを省略した場合、VALUES句に記述する値(値リスト)の順番は、テーブルに定義されているカラムの順番に合わせなくてはなりません。順番を確認したい時は、「¥d t_order」を実行してください。

問題3

答え

SQL文

```
UPDATE t_order
   SET delivery_date = '2017-05-01'
 WHERE delivery_date IS NULL;
```

解説

(6-2-4参照)

UPDATE文を作成し、「t_order」テーブルの値を更新する問題です。SET句には更新したカラム名と更新後の値を記述します。delivery_dateに指定する日付は、「20170501」や「2017/05/01」のように指定することも可能です。検索条件に「NULL」の指定があるため、「IS NULL」を使用します。NULLを検索条件に指定する際、「=」は使用できません。「= NULL」では正しいレコードが抽出されませんので、NULLの扱いには注意が必要です。

問題4

答え

SQL文

```
DELETE FROM t_item
 WHERE item_no = 1005;
```

解説

(6-3-4参照)

DELETE文を作成し、「t_item」テーブルに対して指定した条件に一致するレコードを削除する問題です。検索条件にitem_noが「1005」という指定があるため、WHERE句で条件指定をする必要があります。条件指定を忘れたり、値を間違えてしまうと、意図しないレコードが削除されてしまいますので、必ずSELECT文で削除対象となるレコードを確認してから実行するようにしましょう。

Chapter7　練習問題　P.156

問題1

答え

SQL文

```
SELECT o.item_no, i.item_name, o.amount
  FROM t_order o, t_item i
 WHERE o.item_no = i.item_no;
```

実行結果

```
 item_no | item_name | amount
---------+-----------+--------
    1001 | ミカン    |   3600
    1003 | バナナ    |   2400
    1004 | メロン    |   5000
    1001 | ミカン    |   3000
    1001 | ミカン    |   5400
```

解説

（7-3参照）

WHERE句を使用したテーブル結合の問題です。結合する2つのテーブルに同じカラム名（item_no）が存在していますので、どちらのテーブルのitem_noなのか、テーブル名で修飾し、WHERE句に結合条件を記述します。今回はテーブルに別名を付けていますが、別名を付けずに「t_order.item_no」とすることも可能です。

問題2

答え

SQL文

```
SELECT o.item_no, i.item_name, o.amount
  FROM t_order o
 INNER JOIN t_item i
    ON o.item_no = i.item_no;
```

実行結果

```
 item_no | item_name | amount
---------+-----------+--------
    1001 | ミカン    |   3600
    1003 | バナナ    |   2400
    1004 | メロン    |   5000
    1001 | ミカン    |   3000
    1001 | ミカン    |   5400
```

解説

（7-4参照）

INNER JOIN句を使用したテーブル結合（内部結合）の問題です。問題1と同じ結果が得られます。内部結合は結合条件をON句に記述します。item_noに一致するレコードのみを抽出しますので、FROM句とINNER JOIN句のテーブル名は、逆に記述してもかまいません。

問題3

答え

SQL文

```
SELECT i.*, o.*
  FROM t_item i
  LEFT OUTER JOIN t_order o
    ON i.item_no = o.item_no;
```

実行結果

```
item_no | item_name | price | order_no | item_no | quantity | amount | delivery_date
---------+-----------+-------+----------+---------+----------+--------+---------------
    1001 | ミカン      |   120 |        1 |    1001 |       30 |   3600 | 2017-04-25
    1003 | バナナ      |   120 |        2 |    1003 |       20 |   2400 | 2017-04-19
    1004 | メロン      |   500 |        4 |    1004 |       10 |   5000 | 2017-04-30
    1001 | ミカン      |   120 |        5 |    1001 |       25 |   3000 | 2017-05-08
    1001 | ミカン      |   120 |        3 |    1001 |       45 |   5400 | 2017-05-01
    1002 | リンゴ      |    90 |          |         |          |        |
```

解説

（7-5参照）

LEFT OUTER JOIN句を使用したテーブル結合（左側外部結合）の問題です。左側外部結合は、ON句で指定した結合条件に一致するレコードのみではなく、FROM句に指定したテーブルのすべてのレコードを抽出します。問題文は「t_item」テーブルに対して左側外部結合で結合するとありますので、FROM句に「t_item」、LEFT OUTER JOIN句に「t_order」を指定する必要があります。テーブル名を逆に記述してしまうと、抽出結果は異なります。

問題4

答え **「t_order」テーブルには「1002」のitem_noが存在しない。存在しないレコードはNULLが取得されるため。**

解説

（7-5-3参照）

外部結合についての問題です。問題3を実行すると、「t_item」テーブルと「t_order」テーブルのitem_noが一致するレコードと、FROM句に指定した「t_item」テーブルのすべてのレコードが抽出されます。「t_order」テーブルには「1002」のitem_noが存在しないため、存在しないレコードについてはNULLが取得されます。